聚乳酸基复合材料的结构与性能

夏学莲　著

U0341097

中国石化出版社

内 容 提 要

　　本书主要对聚乳酸的改性进行深入研究，包括物理改性和化学改性。详细介绍了四种纤维表面改性方法，从多个角度评价了纤维表面改性效果，系统研究了纤维表面改性对聚乳酸/亚麻纤维复合材料性能的影响，进一步探讨了各种纤维表面改性对复合材料增容的机理。

　　本书可供从事相关领域工作的工程技术人员使用。

图书在版编目(CIP)数据

聚乳酸基复合材料的结构与性能 /夏学莲著.
—北京:中国石化出版社,2018.7
ISBN 978-7-5114-4935-1

Ⅰ.①聚… Ⅱ.①复… Ⅲ.①高聚物-乳酸-复合材料-结构性能-研究 Ⅳ.①TQ314

中国版本图书馆 CIP 数据核字(2018)第 143010 号

中国石化出版社出版发行
地址:北京市朝阳区吉市口路 9 号
邮编:100020　电话:(010)59964500
发行部电话:(010)59964526
http://www.sinopec-press.com
E-mail:press@ sinopec.com
北京柏力行彩印有限公司印刷
全国各地新华书店经销

*

850×1168 毫米 32 开本 4.75 印张 123 千字
2018 年 8 月第 1 版　2018 年 8 月第 1 次印刷
定价:35.00 元

前　言

在煤、石油、天然气等不可再生资源日益匮乏，环境污染日趋严重的今天，可再生、可降解的高分子材料的研究开发备受关注。植物淀粉发酵制得的乳酸在适当的条件下聚合可合成聚乳酸，因此，聚乳酸又名"玉米塑料"。高分子量的聚乳酸具有强度高、模量高、透明性好、成膜性好、易于成型加工等优良特性，在农用薄膜、纺织、包装、日常生活用品等领域得到了大量应用。聚乳酸优良的生物相容性，使其作为骨折固定材料、手术缝合线、组织培养等在医药领域得以应用。此外，聚乳酸主链上的酯键赋予其另一个显著优势——可降解性；废弃后的聚乳酸经过水解、微生物降解最终生成二氧化碳和水。然而，兼具天然资源充分利用和"白色污染"治理双重意义的聚乳酸存在自身弊端：疏水性、结晶慢、结晶度低、耐热性差、冲击强度低，难以满足材料在实际应用中对性能多方面要求，其广泛应用受到制约。

对聚乳酸的改性研究工作深入开展，包括物理改性和化学改性。物理改性中的共混和复合主要是通过将聚乳酸与高聚物、无机填料或金属混合、掺混，改性填料与基质形成不同的空间构型，性能上取长补短，使复合材料达到单个组分没有的更强的综合特性，复合材料表现出新的性能。与聚乳酸共混、复合的材料很多，如高聚物、小分子增塑剂、纳米材料、纤维等。传统填料，比如，玻璃纤维的加入对聚乳酸的低密度和可降解性有不良影响。

植物纤维以其低密度、高强度、高模量、低成本、来源广、可再生、可降解等优势，成为高聚物改性的热点。然而，植物纤维分子结构上富含羟基，分子内和分子间氢键作用较强，表现出极强的极性，与高聚物共混时，会因为化学异质而不相容。因此，采用植物纤维改性聚乳酸之前，首先必须对植物纤维表面进行改性。本书详细介绍了四种纤维表面改性方法，从多个角度评价了纤维表面改性效果，系统研究了纤维表面改性对聚乳酸/亚麻纤维复合材料性能的影响，进一步探讨了各种纤维表面改性对复合材料增容的机理。

除了两相界面相容性以外，填料的添加量会在很大程度上影响复合材料的性能。本书深入探讨了亚麻纤维含量对聚乳酸基复合材料各项性能的影响，系统分析了亚麻纤维增强、增韧聚乳酸的机理。本文对植物纤维增强、增韧、填充高聚物的理论研究有一定的指导意义和现实意义。

由于作者水平所限以及时间仓促，书中难免存在一些不足和疏漏之处，敬请广大读者和专家给予批评指正。

作者

目　　录

第1章 绪 论

1.1 引 言

自 1907 年"塑料之父"Bakeland 研制出高分子材料以来，无数科研工作者不断探索、创新，塑料已经渗透到国民经济各部门以及人民生活的各个领域。高分子材料以其密度小、强度大、耐磨、耐腐蚀、绝缘、隔热和隔音等优异特性，部分取代了木、棉、麻、毛、金属及陶瓷等材料，成为机械制造、造船、汽车、电子、化工、农业、医疗及日常生活中不可缺少的生产和生活资料，且使用量越来越大。在高分子材料给人们生活带来便利、改善生活的同时，也给人类带来了不可忽视的负面影响，废弃高分子材料对环境的污染日益加剧[1]。由于塑料难以降解，且随着用量的与日俱增，废塑料所造成的白色污染已成为世界性的公害[2]，在所有废弃物中，塑料废弃物的比重已达到 10%左右，而体积比已达 30%左右。除了环境污染，不可再生资源(如煤、石油、天然气等)的日益匮乏制约着高分子材料长期、稳定发展，科学家们预计石油资源将在未来 40 年内耗尽[3]。每生产 1t 石油来源塑料需消耗 3t 左右石油，扩大石油来源塑料的生产无疑增加了石油压力。

由可再生资源合成的可降解塑料已成为高分子材料十分重要的发展方向之一。可再生、可降解高分子材料的广泛应用，可以从根本上解决由不可再生资源日益枯竭导致的原料不足和塑料废弃物造成白色污染的双重环境问题。聚乳酸就是可再生、可降解的高分子材料之一，是近十几年来绿色塑料的"明星"。2015 年，《中国科学报》报道我国已建成产量为 5000t/a 的聚乳酸树脂工业

1

示范线，成为世界上第二个聚乳酸树脂产业化规模达年产 5000t 以上的国家。聚乳酸产业不仅在数量上，在质量上也值得欣喜，聚乳酸的收率高达理论收率的92%以上，数均分子量超过 10 万，达世界先进水平，且部分指标已领先世界水平。聚乳酸产品的各项性能指标已全面达到并部分超过美国 Cargill Dow 公司的同类产品，远销西欧和日本等地。然而，聚乳酸应用领域的扩展仍受其性能制约，聚乳酸的改性迫在眉睫。

1.2　聚乳酸简介

聚乳酸（Polylactic acid）或聚丙交酯（Polylactide），缩写为 PLA，是一种典型的完全生物降解性高分子材料，聚乳酸及其共聚物在自然条件下可完全降解成水和二氧化碳，不会对环境造成污染，是一种绿色材料。此外，在石油资源日益减少的今天，以石油为原料产品的大量使用会进一步加剧不可再生资源的消耗，而聚乳酸可以从植物淀粉(玉米、甜菜、土豆、山芋、玉米芯或其他农作物的根、茎、叶、皮等为原料)发酵而制得，来源广阔，具有可再生性。

1.2.1　聚乳酸的结构和性能

1.2.1.1　聚乳酸的结构

乳酸或丙交酯(乳酸二聚体)在一定条件下聚合，可得聚乳酸。聚乳酸分子量可达几千至百万，属于热塑性、线性脂肪族聚酯，其分子结构式如图 1.1 所示。而乳酸分子中含有手性碳原子，分左旋乳酸和右旋乳酸，其结构如图 1.2 所示。根据聚合单体旋光性的不同，聚乳酸可分为左旋聚乳酸（PLLA）、右旋聚乳酸（PDLA）、内消旋聚乳酸（meso-PLA）和外消旋聚乳酸（PDLLA）。

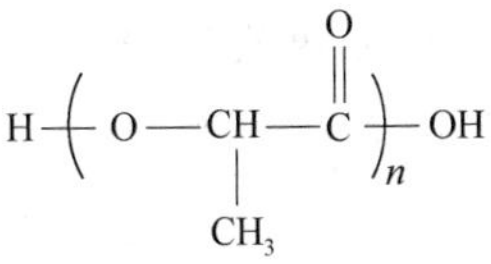

图 1.1　聚乳酸分子结构式 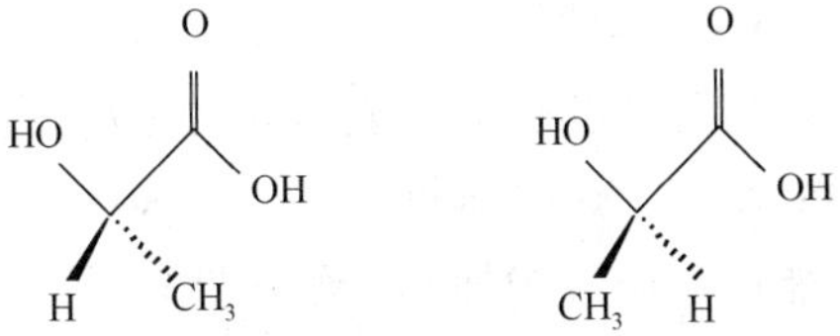　　图 1.2　乳酸的对映异构体

PDLA 和 PLLA 为聚乳酸中立构规整性很好的两种聚合物，具有光学活性，分子链排列比较规整，因此结晶度较高，力学强度也较高。PDLLA 无光学活性，为非晶态聚合物，用作药物载体。而 meso-PLA 难结晶，难提纯，力学强度低，易水解，难保存，不作为目标产物，只是副产品。

1.2.1.2　聚乳酸的性能

（1）降解性能

聚乳酸的分子主链上含有酯键使其具有良好的降解性能。在潮湿环境下，聚乳酸主链上的酯键首先水解，分子量降低，随着时间的延续低分子量的聚乳酸进一步降解，最终生成水和二氧化碳。若在潮湿的具有微生物的降解环境中，聚乳酸降解速度会更快，因为，水解后的低分子量聚乳酸在生物酶的作用下还可以发生生物降解。聚乳酸的分子量、分子量分布会影响降解速率。有无酶存在、湿度、环境的 pH 值、温度、聚乳酸产品的形状等也会对其降解速率产生巨大影响。总体来说，与绝大部分热塑性聚合物相比，聚乳酸具有更好的降解性能。

（2）力学性能

聚乳酸的力学性能与其分子量、立构规整性、结晶度等因素有关。高分子量的聚乳酸具有较高的拉伸、弯曲强度和杨氏模量，退火处理能使材料的拉伸强度进一步提高[4]。然而，其韧性较差，在冲击测试中表现出较低的冲击强度，在拉伸测试中，断裂伸长率也较低。聚乳酸的脆性极大地阻碍了其广泛应用。

（3）热性能

聚乳酸的玻璃化转变温度（T_g）范围为 50~80℃，大多数在 60℃左右，熔融温度在 130~180℃，热分解温度在 300℃左右，不能用于微波炉加热，耐热性较差。这使得聚乳酸的使用温度范围大大降低。

（4）良好的成型加工性

由于聚乳酸的熔融温度、熔体黏度适中，聚乳酸适用于多种成型加工方法，如注塑、挤出、吹膜等。聚乳酸还具有很好的溶液成膜性，可以采用流延制膜法制备出薄膜。另外，聚乳酸还能通过纤维成型法制备出聚乳酸纤维，这使得聚乳酸可作为保健织物、抹布、室外防紫外线织物、帐篷布、地垫等使用。

除了以上所述性能以外，还有光学性能、电性能、透气性能和表面性能等，但本文更为关注以上的四方面性能。

1.2.2　聚乳酸的应用

聚乳酸作为重要的环境友好高分子材料，其开发研究近十年来迅速发展，成为可再生资源的焦点之一。在涂料、薄膜、纺织、包装等领域有巨大的市场[5]。

1.2.2.1　医药

聚乳酸自开发研究以来，一直在医学、医药领域受到欢迎，科研工作者们发现聚乳酸植入体内，不发生显著的排斥、排异，降解后的产物能参与三羧酸循环，最终排出体外。聚乳酸主要用于手术缝合线[6]、骨科固定材料[8]、药物缓释[8,9]和组织培养[10]等。有关聚乳酸的研究一直是生物降解性高分子材料研究领域的热点。

1.2.2.2　农业

聚乳酸在农业领域的应用包括地膜[11]、肥料袋、育苗钵、杀虫剂缓释袋[12]、缓释系统、植被网、荒地和沙漠绿化保水膜等。

1.2.2.3 包装

在包装领域，聚乳酸用于蔬菜、水果和肉类包装容器及保护膜[13]，一次性使用的容器[14]和各种包装用膜[15]。采用聚乳酸替代不可降解的塑料可减少或降低"白色污染"。

1.2.2.4 其他

除以上三大应用领域外，聚乳酸还应用在土木建筑、林业和日常生活用品（卫生保健材料[16]，生理卫生用品、牙具）等领域。聚乳酸材料经耐热和增韧改性后，还可以应用在汽车[17,18]、IT等领域。

1.2.3 聚乳酸的改性

聚乳酸产品兼具天然再生资源充分利用和环境治理的双重意义，因而受到各国的重视。然而，随着研究的不断深入，聚乳酸逐渐暴露出了自身的弊端：疏水性强、结晶速度慢、结晶度低、热稳定性能较差、力学性能不够高（主要是冲击强度不能满足要求），难以满足实际应用中对材料性能多方面要求，成为制约其进一步发展的瓶颈，不能广泛应用。因此，科学家们就聚乳酸改性展开了大量研究[19~21]。

由于聚乳酸具有生物相容性和可降解性，是生物医用材料中的明星材料之一。然而聚乳酸疏水性强、力学强度不够、亲和性差等自身弊端，限制了其在医药材料中广泛应用。对此，科学家们针对医用聚乳酸改性展开了大量研究。

1.2.3.1 化学改性

聚乳酸的化学改性包括共聚改性和交联改性，其中共聚改性主要是通过在聚乳酸的合成单体（乳酸、丙交酯）中加入其他共聚单体，并调节体系配比来调节聚乳酸共聚物的性能。蓖麻油[22]、己内酯[23]、聚（乙二醇-co-均苯四甲酸酐）[24]、甲基MQ硅树脂[25]、对苯二甲酸双羟乙酯[26]、乙交酯[27]、氨基酸[28]、乙二醇[29~31]、木糖醇[32]等都作为改性单体制备聚乳酸共聚物。

聚乳酸的交联改性也属于化学改性，是在交联剂或者辐射作用下，聚乳酸大分子链之间产生化学反应，从而形成化学键的过程。

1.2.3.2　物理改性

聚乳酸的物理改性包括共混改性、增塑改性和复合改性。共混改性主要是指将一种或一种以上的聚合物与聚乳酸熔融共混，通过改变聚合物的种类和配比来达到改变共混物性能的目的。聚乳酸的共混改性研究已广泛开展，参与共混的聚合物有聚对苯二甲酸乙二醇酯、聚对乙烯基苯酚、聚乙酸乙烯酯、聚甲基丙烯酸甲酯、聚丙烯酸甲酯、低密度聚乙烯、聚碳酸酯和超细全硫化粉末橡胶[33]等。

增塑改性是通过在聚乳酸基体中加入增塑剂，增塑剂主要有乙二醇、聚(乙二醇-戊二酸-对苯二甲酸)[34]、邻苯二甲酸二丁酯、邻苯二甲酸二辛酯、柠檬酸酯系列、环氧大豆油[35]等。

复合改性是指将聚乳酸与一种或多种植物纤维、动物纤维、无机纤维、无机填料、金属填料等复合，制备出复合材料，复合方式包括混纺、熔融混合、溶液混合等多种方法。各组分在空间上形成不同的构型，在性能上互相取长补短，产生协同效应，所得复合材料具有单个组分所没有的综合性能，宏观上表现出新性能的材料，它是开发新材料的一个重要新领域。与聚乳酸复合的材料很多，如纳米材料(蒙脱土、蛭石、碳纳米管[36]、纳米丝、晶须、石墨[37]、石墨烯[38,39]、二氧化钛[40]、纳米羟基磷灰石[41]、银纳米粒子[42,43]、功能化磷酸锆[44]、有机黏土、硫酸钙[45,46]等)和纤维(玻璃纤维、涤纶纤维、聚乳酸纤维[47]、桑蚕丝[48]、植物纤维[49,50]等)等，其中植物纤维成为聚乳酸复合改性的热点。

1.2.3.3　生物医用聚乳酸改性

生物医用材料又称生物材料，主要指对生物体进行诊断、治疗、修补或置换坏损的组织器官、增进生物体功能的材料。高分子类生物材料大多是含容易水解的酯键或酰胺键的聚合物。聚乳酸是含酯键的广为人知的生物材料，它一直是可生物降解性高分

6

子材料领域的研究热点[51,52]。聚乳酸植入生物体内一段时间后，发生降解，降解产物能参与三羧酸循环，不产生明显排斥，为此，获得美国 FDA 认证[53]。聚乳酸在生物、医药、医学领域，如手术缝合线、眼科材料、骨折内固定材料、组织修复、药物控制释放等方面，得到广泛的研究和初步应用[54~56]。

聚乳酸作为植入材料使用时仍存在许多缺点和不足。

① 疏水性强，亲和性差。组织工程材料要求材料对细胞的亲和性良好，而聚乳酸分子链上含有酯键，疏水性强，造成它与组织的生物相容性降低。

② 力学强度不够高。作为支架或硬组织修复材料，需空间结构力学强度达到一定值，能保证细胞增殖并形成组织器官过程中承受正常应力。作为软组织修复材料，需在弹性、韧性方面满足要求。聚乳酸的脆性在强度方面尚且不能满足要求。

③ 聚乳酸降解后可能导致酸性积累。聚乳酸主链上酯键水解，生成大量羧端基的低聚物，深度水解成乳酸，导致酸性积累，导致生物体产生温和无菌性炎症[57]。

④ 修复、降解、吸收速度可控的系列产品。支架材料完成组织、器官的修复以后，随降解的发生从机体中消失，不会影响组织细胞的正常增殖。因此，材料在生物体内降解、吸收的速度必须与细胞增殖、组织修复速度匹配。由于器官或组织种类不同、损伤程度不同需要修复的时间也不同，需要降解速度可调控的一系列材料满足医药市场需求。而降解速度、体内吸收速度系列化、可控的生物医用聚乳酸仍在研究、探索阶段。

⑤ 成本及工艺问题。用于医药领域的聚乳酸要求高，成型工艺复杂，因此价格极高。聚乳酸生物材料大量用于临床，必须改进制备工艺、降低价格。

⑥ 用于组织工程细胞支架，须具有三维多孔结构，利于细胞粘附、增殖和分化；孔隙间具有良好的连通性，营养物质可进入、细胞分泌物可排出；孔隙结构可满足细胞生长的需要。现有的多种制备工艺技术虽可调控支架的外形和多孔结构，但各有其

缺点，尚且没有一种完美的方法能满足支架所有要求。

针对以上聚乳酸的缺陷，广泛的研究工作深入开展。

① 疏水性和生物相容性方面的改性。通过在聚乳酸分子链上引入亲水基团，主要的方法有表面等离子体处理引入[58]，在材料表面涂覆生物相容的纤连蛋白、胶原蛋白等多肽[59]，采用氨解、共聚在聚乳酸分子链上引入氨基以便固定多肽[60~62]。

② 力学强度的提高、韧性改善。常用提高聚乳酸力学性能的方法[63]有共聚、反应性共混[64]、共混等。陈炜[65]采用PLCA、OH-PLLA、PEG 共缩聚合成了拉伸强度较高的 PLCA-OHPLLA-PEG 多嵌段共聚物，可用于组织工程支架、药物缓释。克莱姆森大学 Rasal R M 等[66]采用共混的方法制备聚羟基丁酸-羟基己酸（PHBHHx）/PLA 共混物薄膜，经测试薄膜的韧性从纯聚乳酸的（4±2）MPa 提高到了（175±35）MPa。孙梁等[67]将聚乳酸/磷酸三钙复合材料，应用于骨折修复方面，实验结果表明支架的成骨效果良好，可修复兔 15film 长骨。孟庆圆[68]在聚乳酸中混合卵磷脂制备血管组织工程支架，与纯聚乳酸电纺丝材料断裂伸长率的 46.88% 相比，复合材料最高达到 135.79%。

③ 改善酸性累积，主要采用在聚乳酸中引入可调节酸性的成分或基团，如碱性高分子化合物壳聚糖、羟基磷灰石、碱性磷酸钙盐、氨基。涂浩[69]制了聚乳酸/壳聚糖复合薄膜，体外降解实验中 pH 值接近中性。Wei Z 等[70]等表明采用 5% 赖氨酸与丙交酯-乙交酯共聚物复合能达到最佳的调节效果。Mike T 等[71]将聚乳酸与羟基磷灰石复合研制多孔复合材料，羟基磷灰石可中和酸性降解产物。贾舜宸[72]制备了聚乳酸/β-磷酸三钙复合骨修复材料，碱性磷酸钙盐可中和聚乳酸的降解酸性。于学丽[73]在聚乳酸分子链上引入活性伯胺基团，胺基的引入中和了因聚乳酸降解导致的酸性，还可抑制聚乳酸的酸性自加速降解。

④ 聚乳酸降解速度系列化改性，加入某种可增加或降低聚乳酸降解速度的物质，通过调节添加量来调节降解速度。张玉祥[74]利用己内酯（PCL）比聚乳酸降解速度慢的特点，将其与聚

乳酸共聚制备了 PLA-PCL-PLA 嵌段共聚物，共聚物降解速度比聚乳酸慢。贾舜宸[51]制备了聚乳酸/β-磷酸三钙复合骨修复材料，通过磷酸钙和聚乳酸的比例及聚乳酸分子量的调整，来调节复合骨修复材料的降解速度。

⑤ 降低聚乳酸的成本，聚乳酸的合成规模化，改善催化剂、优化催化反应过程可降低生产成本，还要不断研发制备工艺技术。

⑥ 采用先进的细胞支架制备方法，保证孔结构满足要求。常用的细胞支架制备方法有气体发泡[75]、纤维粘结[76]、相分离技术[77,78]、快速成型技术[79]、乳化/冷冻干燥技术[80]、溶剂浇注/粒子沥滤[81,82]、离心粘结法[83]等。

1.3　植物纤维

植物纤维来源于自然生长的植物，属可再生资源，可来自农产作物或农作物的副产物(如小麦秸秆、玉米秸秆、菠萝纤维、甘蔗渣、椰子皮等)，原料供应充足。植物纤维作为增强材料，可将农作物副产物作为工业原料，促进农业发展，实现废弃物再利用，进一步推动工业、农业发展，还可以在一定程度上解决全球能源危机和环境污染的问题。

目前，植物纤维已被广泛应用于聚合物复合材料的制备。Henriksson M[84]的研究表明三聚氰胺甲醛/微纤维素复合材料的杨氏模量为 16.6GPa，拉伸强度为 142MPa，具有较高的机械阻尼，密度比用传统纸浆纤维制备的复合材料高，可以用于制作喇叭膜。

Abe K 等[85]等将纤维平均尺寸降低到约 15nm，制备微纤维素纤维/丙烯酸树脂复合材料(MFC-acrylic)，在含量与厚度相同的条件下与细菌纤维素相比，MFC-acrylic 在可见光波长范围内具有更高的透明性。纳米纤维素复合材料还具有一个显著的特征——较低热膨胀系数[86]。

Nogi M 等[87]等还用微晶纤维素(Microcrystalline cellulose)制备了热膨胀系数为 $(8.5 \sim 14.9) \times 10^{-6} K^{-1}$、杨氏模量为 $7.2 \sim 13GPa$ 的微晶纤维素/聚丙烯复合材料。

1.3.1 植物纤维的化学组成与结构

植物纤维主要成分为纤维素、半纤维素、木质素及果胶，其含量与植物的物种、植物的部分(根、茎、叶、花、果实、种子)以及生长年龄有关，其中纤维素是植物纤维的主要成分。

1.3.2 植物纤维的分类与性能

根据在植物部位的不同，植物纤维分为韧皮纤维(如兰麻、洋麻、黄麻、亚麻、苎麻和大麻等)、果实纤维(棉纤维、椰纤维)、叶纤维(马尼拉纤维、剑麻纤维)和茎纤维(木纤维、竹纤维、秸秆和甘蔗渣)等。其中麻纤维、竹纤维、木纤维作天然纤维复合材料增强体备受亲睐[89,90]。

各种纤维具有各自的性能优势，如麻类纤维长度是天然植物纤维中最长的，具有高强、低伸的特性，其初始模量和弯曲强度比涤纶稍高。苎麻纤维的比强度与玻璃纤维接近，显示出较好的力学性能。麻纤维作为增强体使用时，具有比模量高、隔热、耐冲击、耐腐蚀、绝缘性好、成本低的优势，其在汽车工业上的运用近几年日益扩大[91]。麻纤维(如大麻、亚麻和苎麻等)具有较高的杨氏模量，甚至已经能和玻璃纤维相比，同时具有较小的密度，在植物纤维中最适合做复合材料的增强体。

与木本植物纤维相比，草本植物纤维更具经济优势，主要原因有两点：①来源更广阔且成本低；②加工分离更容易、更具经济效益。首先，草本植物纤维可以从玉米、小麦、水稻、高粱、大麦、甘蔗、菠萝、香蕉、椰子的副产物中得到，对一些农作物副产物纤维研究已经开展，如麦秸、大豆皮[93]、甜菜渣[94]、仙人球的皮[95]、甘蔗渣[96]、香蕉叶轴[97]、瑞典甘蓝根[98]、剑麻[99]等，原料取之不尽用之不竭且价格十分低廉，而这些草本植物目前用于很多低价值领域[100]，如燃烧获取能量、饲养动物、在沼气池里发酵获取能量、打碎压实制层板等，没有得到更好地、有效地利用。其次，草本植物纤维比木本植物纤维含有的木质素少，不需要漂白，另外，草本植物中的纤维素只有少量牢牢缠结在初生细胞壁中，而木本植物纤维大多缠结在次生细胞壁中，草本植物纤维素分离和原纤维化的成本比木本纤维素要低得多[101]。草本植物中，大麻、亚麻、剑麻和其它植物副产品更受研究人员的关注。

总之，植物纤维以其无以比拟的优势（密度小、比强度高、比刚度高、柔韧性好、绝缘、隔热、表面相对粗糙等特点，并且价廉[102]、资源丰富[103]、可回收、可降解、可再生[104]）逐步代替传统纤维增强复合材料，是环保型复合材料的理想选择。

1.3.3　亚麻纤维

亚麻纤维属于麻纤维的一种，是韧皮纤维，来源于草本植物亚麻。亚麻纤维化学组成中纤维素含量占 70% ~ 80%，比黄麻、苎麻、剑麻、洋麻的纤维素含量要高得多。从性能上讲，亚麻纤维拉伸强度可达 345 ~ 1100MPa，远高于椰壳纤维、剑麻、苎麻、部分黄麻和棉纤维；杨氏模量可达 27.6GPa，远高于棉、黄麻、剑麻和椰壳纤维；断裂伸长率可达 2.7% ~ 3.2%，高于黄麻、大麻、苎麻等。

此外，在我国，麻纤维资源比较丰富，其中，兰麻、大麻、亚麻的产量居世界第一，黄麻的产量居世界第三。

总之，亚麻纤维具有草本纤维优势的同时，具有高纤维素含量、高强度、高韧性，且资源丰富。因此，本研究采用亚麻纤维作为聚乳酸的增韧填料，制备高韧性的聚乳酸/亚麻纤维（PLA/Flax）复合材料。

1.4 聚乳酸/植物纤维复合材料

Oksman K[105]、Sorrentino A 等[106]等的研究表明与传统复合材料相比，在植物纤维添加量低时（<5%），具有更优的热学、力学和阻隔性能、可循环性、透明性和低重量的优势。因此，近年来植物纤维作为增强纤维被广泛应用于复合材料的制备。广大学者对植物纤维增强、增韧聚乳酸复合材料进行了深入研究，取得了一些成绩。

Nakagaito A N[107]采用类似造纸的方法制备聚乳酸/纤维素复合材料，在水性悬浮液中将聚乳酸与微纤化纤维素（Microfibrillated Cellulose，简称 MFC）混合，之后用金属网脱水得到板材，将八层三明治板材在 105℃下热压制备复合材料。结果表明，随着 MFC 含量增加，强度增加。

Iwatake A 等[108]在丙酮中预先将 MFC 与聚乳酸混合，除去溶剂后得到复合材料，MFC 的分散比直接在聚乳酸中加入 MFC 更加均一，当 MFC 含量为 10%时，复合材料的杨氏模量和拉伸强度分别增加了 40%和 25%，断裂伸长率没有降低；此外复合材料储能模量在纯聚乳酸的玻璃化转变温度以上仍然保持常数。

与 Iwatake A 相比，Suryanegara L 等[109]用同样的方法，不过把丙酮换成了二氯甲烷制备了聚乳酸/MFC，得到的复合材料储能模量比纯聚乳酸的高；复合材料中 MFC 起着聚乳酸结晶成核剂的作用，使得复合材料储能模量、强度、杨氏模量都增加，而断裂伸长率没有明显降低。

1.4.1 聚乳酸/植物纤维复合材料的界面

植物纤维增强聚乳酸复合材料在加工时存在两个主要问题：①植物纤维上富含羟基（结构如图 1.3 所示），这些羟基形成分子内和分子间氢键使纤维表现出较强的极性，且结构与树脂相比，更疏松、多微孔，亲水性较强；而树脂多为疏水性的，属非极性或极性较弱材料，两者混合时，界面润湿性、界面黏合性较差。②植物纤维长径比较大，容易缠结、聚集，在加工过程中分散性不好，文献中所阐述的绝大多数都是随机分散在基体中，形成富纤维区[110]。要制备出高性能的聚乳酸/植物纤维复合材料就必须解决这两个问题。

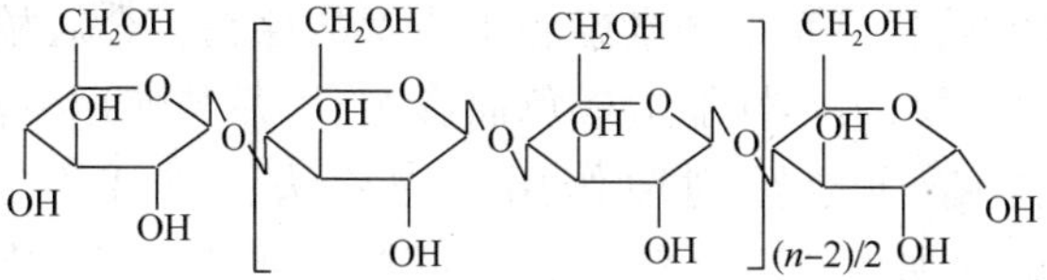

图1.3　纤维素的分子结构

相容性问题解决不好，基体与增强体之间界面粘结较差，在承受外力时，不能均匀传递应力，造成应力集中，增强体非但不能起到增强的作用，还会成为应力集中物，降低其力学强度。因此，解决复合材料相容性问题成为研究复合材料时需要考虑问题的重中之重。一般有三类方法改善植物纤维/树脂复合材料界面相容性：①对植物纤维进行表面改性；②对基体树脂进行改性处理；③加入界面相容剂。下面将详细介绍这三种方法及改善界面相容性的机理。

1.4.1.1　植物纤维的表面改性

改善复合材料相容性能的常用方法之一就是对植物纤维进行表面改性。植物纤维的表面处理方法主要可分为两大类：化学处理和物理处理。

1）植物纤维表面的化学处理法

化学改性方法是根据纤维素中存在大量的活性羟基及其反应特点，改变植物纤维表面的化学结构，改善纤维在树脂基体中的浸润性，以期达到改善植物纤维与树脂基体之间的界面强度，从而达到提高复合材料力学性能的目的。植物纤维表面的化学处理法主要包括碱液处理、酯化处理、接枝处理和偶联剂处理。

（1）碱处理

碱处理又称墨赛丝光处理，是一种最为常用、成本较低的传统化学改性方法，并且现在也常用作其他化学处理的前期处理。植物细胞壁的纤维素结构高度规整、容易结晶、力学强度非常高，这些纤维素嵌入到半纤维素构成的基质中，半纤维素的层间又夹杂着木质素，而半纤维素和木质素的存在，会对植物纤维/高聚物复合材料力学性能造成负面影响[111]。当使用碱液浸泡植物纤维时，杂质会在刻蚀作用下被除去，使纤维表面粗糙化[112]，熔融加工时，纤维与树脂间的粘结力增强[113]。同时，纤维素分子上的羟基能与碱发生反应，如半纤维素分子链末端含有还原性醛基的葡萄糖分子在碱的作用下脱去，果胶由于甲基的脱去而溶解，木质素则因为与半纤维素直接相连，而与纤维素并无直接连接，在半纤维素的溶解过程中也被脱去。半纤维素、果胶、木质素的脱去破坏了部分纤维素分子间的氢键，增大分子间的距离，降低纤维密度，增大纤维素内表面，增大各种试剂对纤维素的可及度，增加了纤维与基体之间的有效浸润接触面积，利于在界面处形成较厚的界面扩散层和较强的机械锚合作用，有利于增强界面的黏合，提高复合材料的力学性能[114]。但当碱液浓度过高、浸泡时间过长时，植物纤维素会有一定程度的解聚反应发生，降低纤维素微纤螺旋角，增加纤维素取向度和整根植物纤维的柔性，从而植物纤维本身的力学强度降低。植物纤维碱处理机理如图 1.4 所示。

Nature fiber——OH+NaOH ——→ Nature fiber——ONa+H_2O+Surface impurities

图 1.4　碱处理植物纤维机理

Alvarez V A 等[115]配制了浓度为 5% 的氢氧化钠（NaOH）溶液，分别将剑麻纤维在 5℃、25℃、40℃ 下浸泡 24h、48h、72h 进行碱处理。红外分析表明，碱处理除去了剑麻中的半纤维素。碱处理使得纤维内部、外部发生原纤化，改变了纤维的超分子结构和形貌，降低了纤维直径。力学性能对比得出最佳的碱处理条

14

件是 25℃处理 48h，纤维旋转角降低，取向度增加，使得模量增加了 20%。碱处理除去了纤维素中聚合度低的部分(聚合度低的纤维结晶度低)，单根纤维的模量增加，使得复合材料硬度增加。在未处理的纤维中，半纤维素分散在纤维中间，阻隔了纤维素链，这些链处于拉紧状态，碱处理除去了半纤维素，拉紧力消失，纤维原纤化使得纤维素分子能够重排，结构更加紧凑。碱处理导致螺旋度降低、分子取向增加，纤维素分子堆砌更紧密，强度增加。

Nakagaito A N 等[116]用 NaOH 溶液处理微纤化纤维，之后与酚醛树脂共混制备复合材料，结果表明，采用处理纤维制备得到的复合材料拉伸强度明显比未经处理的高，杨氏模量变化不大。经过碱处理的微纤化纤维含量为 20%时，复合材料断裂伸长率比未处理复合材料的高两倍，延展性提高了。

（2）酯化接枝处理

酯化接枝处理是提高植物纤维与基体材料界面性能的另一种重要方法，采用乙酸[117]、乙酸酐、马来酸酐、邻苯二甲酸酐和一些长链脂肪酸等活性酰基化试剂与纤维素分子上的羟基发生反应生成酯。由于强极性的羟基被弱极性的酯基所代替，部分氢键被破坏，提高基体材料对纤维表面的浸润能力，改善聚合物基体与植物纤维之间的界面相容性[118]，其反应机理如图 1.5 所示。

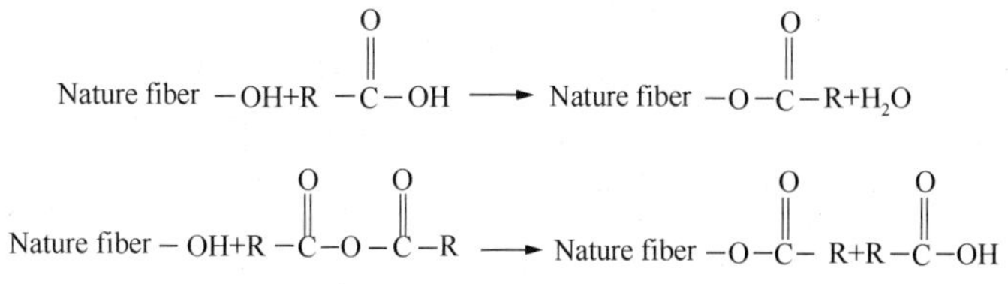

$$\text{Nature fiber} - OH + R - \overset{\overset{O}{\|}}{C} - OH \longrightarrow \text{Nature fiber} - O - \overset{\overset{O}{\|}}{C} - R + H_2O$$

$$\text{Nature fiber} - OH + R - \overset{\overset{O}{\|}}{C} - O - \overset{\overset{O}{\|}}{C} - R \longrightarrow \text{Nature fiber} - O - \overset{\overset{O}{\|}}{C} - R + R - \overset{\overset{O}{\|}}{C} - OH$$

图 1.5 酸、酸酐处理植物纤维机理

Mominul Haque M D 等[119]用 5%的 NaOH 溶液浸泡纤维，之后逐渐加入苯重氮盐并搅拌椰子纤维和马尼拉麻纤维，干燥之后与聚丙烯在单螺杆挤出机中共混，制备复合材料。结果表明，经化学处理的纤维复合材料与原纤维复合材料相比，拉伸、弯曲、冲击强度和杨氏模量都提高了。因为纤维表面处理改善了纤维与基质的界面相容性，使得应力能够在纤维与基质之间传递。

Shanks R A 等[120]用丙酮在索氏提取器中除去亚麻纤维中的蜡质，用 2mol/L 的 NaOH 溶液浸泡除去木质素，然后采用丙烯酸丁酯、丙烯酸 2-乙基己酯、丙烯酸丁酯和甲基丙烯酸甲酯的混合单体在密封管子内浸渍处理亚麻纤维并排除纤维中的水分，采用偶氮二异丁腈(AIBN)作为引发剂，二甲基丙烯酸乙二醇酯为交联剂，在一定温度下对其进行聚合。对纤维进行处理之后，将一定配比的聚乳酸和纤维溶于氯仿，之后溶剂挥发，得到复合材料。在聚四氟乙烯膜之间热压成型制备聚乳酸/亚麻纤维复合材料，研究表明，对亚麻纤维进行间隙聚合处理，单体替代水存在于管状纤维素之间，当单体聚合后，可以充满纤维素的空隙，可明显提高亚麻纤维与聚乳酸的相容性、力学性能和耐湿性，还能防止细菌滋生。

（3）接枝改性

纤维素接枝共聚的方法主要是在引发剂作用下，发生自由基聚合、离子型接枝聚合、缩聚与开环聚合。其中自由基聚合最为常见，首先是纤维经过物理或化学方法引发后生成自由基，与丙烯腈、丙烯酸、丙烯酰胺等单体进行接枝共聚反应。

Stenstad P 等[121]在微纤维表面接枝环己烷二异氰酸盐之后与胺类反应，通过酸酐与微纤表面的羟基反应形成单分子层，使得丁二酸和顺丁烯二酸基团直接引入到微纤表面，得到憎水性更强的微纤。Siqueira G 等[122]采用异氰酸十八酯作为接枝剂，提高微纤与聚己内酯(PCL)的相容性。

Wang B 等[123]采用乙烯丙烯酸、苯乙烯马来酸酐、氨基甲脒盐酸盐、Kelcoloids 牌的 HVF、LVF 等 5 种不同的化学试剂改性大麻的微纤表面，之后，以藻酸丙二醇酯作为稳定剂与聚乳酸和聚羟基丁酸酯(PHB)共混制备复合材料。由于纤维只有部分分散在基质中，因此所得复合材料力学性能没有理论计算的高。

16

Lönnberg H 等[124]在微纤化纤维素（MFC）表面接枝不同分子量的 PCL，以提高 MFC 与 PCL 的界面相容性，PCL-g-MFC 薄膜通过与 PCL 热压制备薄片，通过动态力学性能测试（DMA）界面粘附强度，结果表明，PCL-g-MFC 提高了复合材料的界面强度。

（4）偶联剂处理

经过偶联剂改性处理的纤维可以在很大程度上改善植物纤维与聚合物之间的界面相容性。用于高分子树脂/植物纤维复合材料的偶联剂很多，最常用的有硅烷偶联剂、钛酸酯类、异氰酸酯类，此外还有酰胺及酰亚胺类、丙烯酸酯类和铝酸酯类等，各类偶联剂的偶联机理大致相同。硅烷偶联剂的偶联机理是在同一分子中含有有机和无机反应基团，其结构简写为：Y—Si—(OR)$_3$，其中的 OR 基团能与水反应生成硅醇，这些硅醇能和植物纤维表面的羟基发生脱水反应生成烷氧结构，有机官能基团 Y 能与聚合物发生化学反应或形成物理缠结、互穿网络，使得天然植物纤维和聚合物牢固地结合，从而极大地改善天然植物纤维与聚合物的相容性。

钛酸酯偶联剂的偶联机理比较复杂，学者们已经进行了深入研究，尽管提出了多种理论，但到目前为止，还没有形成统一的认识。钛酸酯偶联剂是在钛原子的两端分别连接亲植物纤维相和亲聚合物相，根据相似相容原理，亲植物纤维相与植物纤维亲近，并与纤维表面的羟基发生反应，亲聚合物相与聚合物亲近并发生反应，因此钛酸酯偶联剂架起了纤维与聚合物之间的桥梁，使其紧密连接。

异氰酸酯类偶联剂分子具有—N＝C＝O官能团，该官能团可以与植物纤维表面的羟基发生反应，其机理如图 1.6。另一侧连接的链与聚合物虽然不能发生化学反应，但能与聚合物基体很好地相容，改善植物纤维与聚合物的相容性。采用偶联剂改善植物纤维与高分子树脂界面相容性工艺简单、改性效果较好，应用非常广泛[125]。

17

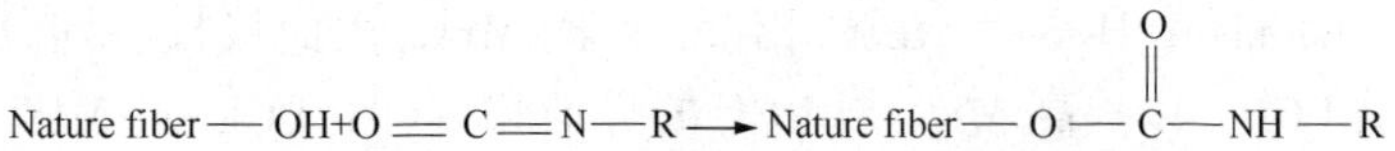

$$\text{Nature fiber} - \text{OH} + \text{O} = \text{C} = \text{N} - \text{R} \longrightarrow \text{Nature fiber} - \text{O} - \overset{\overset{\displaystyle O}{\|}}{\text{C}} - \text{NH} - \text{R}$$

图 1.6　异氰酸酯处理植物纤维机理

Petinakis E 等[128]对比了两种相容剂的增容效果：

① 将 4，4′-二苯基甲烷二异氰酸酯（MDI）磨碎过筛并与木粉混合后与聚乳酸挤出；

② 将聚乙烯接枝丙烯酸（PEAA）颗粒与聚乳酸/木粉混合之后挤出-注塑成型。

对比未加相容剂、加 MDI、加 PEAA 三种复合材料的力学性能和界面粘附性能。未改性木粉复合材料拉伸强度与纯聚乳酸相近，因为其界面相互作用较弱，从 SEM 中也可得到证实，断面存在孔洞，可能是颗粒拔出造成的，在颗粒与基质之间存在空隙，相容性差。加入 MDI 后，复合材料拉伸强度、断裂伸长率和材料承受的最大载荷都提高了，且木粉分布更均匀了，表明 MDI 改善了纤维-基质界面相容性。加入 PEAA 后拉伸强度降低，冲击强度稍微有所增加，断裂伸长率增加，复合材料断面呈塑性变形，因为 PEAA 在复合材料中增加了回弹力，使整体变软，类似于加入橡胶弹性体的作用，在裂纹产生和裂纹扩展过程中吸收能量。

2）植物纤维表面的物理处理法

物理改性方法是在不改变纤维化学组成、化学结构情况下，通过处理改变纤维的形貌，从而改变其表面性能的方法。主要方法包括蒸汽爆破处理、热处理、放电处理等方法。

（1）蒸汽爆破处理

蒸汽爆破处理的基本原理是在密闭高压容器内，水蒸气充分润胀纤维，瞬间泄压，使得渗入植物纤维内部的蒸汽分子以气流的方式从较封闭的孔隙中瞬间高速释放出来，纤维内部缠结变得疏松，发生膨胀、破裂，导致纤维结构形态发生变化，表面变得非常粗糙。冯彦洪[129]等采用蒸汽爆破的方法处理蔗糖渣纤维，处理之前蔗糖渣纤维都呈束状结构，很多纤维紧密结合在一起，纤维束直径较大，并且粘附了很多杂质颗粒；经过爆破处理后纤维原纤化作用非常明显，纤维束解离，微纤维数量增加，纤维的长径比、表面积增加，形成相对粗糙的表面。

（2）热处理

热处理是用来除去植物纤维中游离水和结合水的。由于植物纤维中含有大量的水分，如果纤维未经过除去水分处理直接与基体树脂复合，在高温加工过程中，水分挥发或逸出，将造成复合材料中产生孔隙、裂缝、缺陷，导致复合材料力学性能下降，因此一般通过热处理除去植物纤维中的水分，另外，热处理对纤维结晶度的提高也有一定作用。

（3）放电处理

放电处理主要包括冷等离子放电、溅射放电和电晕放电等。电晕放电是一种重要的表面刻蚀方法，可以大量激活纤维素表面的醛基，从而使纤维表面氧化活性提高，进而提高纤维的表面能。

1.4.1.2 对基体树脂进行改性处理

对聚乳酸基体进行改性的方法较为单一，主要是在聚乳酸大分子上接枝马来酸酐，制备出 PLA-g-MAH，之后再与植物纤维共混制备复合材料[130]。

1.4.1.3 加入界面相容剂

相容剂分为非反应型和反应型两种，是指借助于分子间的键合力，促使不相容的两相结合在一起，得到稳定共混物的助剂。相容剂与界面两侧不相容物质结合，提高两者之间的结合强度，主要有马来酸酐接枝相容剂[132,133]、丙烯酸接枝相容剂和其他相容剂(如赖氨酸-二异氰酸酯，甲基丙烯酸缩水甘油酯接枝聚丙烯[134])。

1.4.2 聚乳酸/植物纤维复合材料界面相容性的评估

复合材料中两相界面相容性是制备和研究复合材料的关键性

问题。对于改善聚乳酸/植物纤维复合材料相容性的研究报道，在1.4.1中已详细分类阐述，对于复合材料界面相容性好坏的评估方法总结、归纳较少。鉴于此，以下将阐述聚乳酸/植物纤维复合材料界面相容性的评估方法。

由于植物纤维与高聚物基质粘附的过程较为复杂，用单一粘附机理很难把所有的粘附现象解释清楚，因此直接对聚乳酸/植物纤维复合材料界面相容性做出准确的定量评估难度极大，大多采用间接评估方法，如对比改性前后植物纤维表现出来的某种特性，如复合材料断面的形态、复合材料表现出的宏观性能等，都可以作出间接的、定性评估。

1.4.2.1　通过纤维亲水性测试结果评估相容性

植物纤维之所以难与聚乳酸相容，是因为其极性强，表现为亲水性强，而聚乳酸极性较弱，只要改变纤维的极性就能与聚合物较好地相容。通过这一原理，可以表征改性前后纤维的亲水性，就可以间接地、定性地推断植物纤维与聚乳酸的相容性。

Andresen M 等[135]将云杉纤维进行硅烷化处理并制成膜，在其表面滴一定量的水滴，测试其接触角，结果如图1.7所示，液滴在膜表面，接触角很大，表现出憎水性。各个样品的接触角如表1.1所示，从表中可以看出，硅烷偶联剂处理样品之后接触角大大增加，纤维表面明显从亲水变为疏水。

图1.7　水滴在憎水性纤维表面的形状

表 1.1　在由 MFC 和甲硅烷基化 MFC 膜的表面上的不同位置测量
六滴的静态接触角的平均值

样品	硅烷偶联剂(RGU)	接触角/(°)
MFC	0	28±4
MFC-3	3	117±6
MFC-4	4	132±3
MFC-5	5	146±8

　　另外，采用油/水测试，可以定性表征纤维的亲油/亲水性，
间接判定纤维与弱极性塑料混合时的界面相容性。Tronc E
等[119]对纤维进行酯化改性，并对改性前后纤维进行油/水测试，
操作方法为：称取少量酯化接枝纤维和未改性纤维分别加入盛有
50mL 自来水的透明量筒中，浸泡 5min 后加入一定量矿物油，充
分震荡、摇晃、搅拌后，混合体系静置 30min，两种纤维的亲
油/亲水性如图 1.8 所示，酯化纤维浮于上层油相，未改性纤维
绝大部分沉淀在下层水相，表明酯化接枝改性后纤维亲油性
增强。

图 1.8　(a)改性和(b)未改性纤维的疏水性水/油的定性测试

1.4.2.2　通过植物纤维/聚乳酸力学性能评估相容性

　　当热塑性树脂与植物纤维共混时，若界面润湿性不好，界
面黏合强度较低，相容性不佳，在受到较大外力作用时，界面
处不能传递应力，会引发应力集中，这时，植物纤维不但起不

到增强的作用，反而会起到应力集中物的作用，降低复合材料整体的力学强度。因此，根据这一因果关系，很多研究报道用力学强度提高与否或提高的程度来衡量、评价复合材料相界面相容性的好坏，从而选择较好的增容剂类别、确定增容剂的剂量、采取最佳的实验方案。另外，改善相容性的目的也是为了制备高强度的复合材料，采用此法判定界面相容性更具现实意义，文献报道中很多都是采用该方法对复合材料界面相容性进行评估的。

Jandas P J 等[136]对香蕉纤维表面进行了碱处理，并将处理、未处理纤维与聚乳酸混合制备了复合材料。经力学强度测试，发现前者强度比后者高。作者认为是因为碱处理以后纤维与聚乳酸基质之间的接触面积和机械啮合点都增加了，表明两者的界面粘附强度提高了。

Sunil K 等[137]采用马来酸酐作为增容剂制备了增容聚乳酸/香蕉纤维复合材料，对比未增容复合材料，加入 1%(质)马来酸酐的复合材料杨氏模量提高了 62%。可能是因为马来酸酐的官能基团与聚乳酸的羧酸发生了反应，并在界面处形成了酯键，因此，香蕉纤维与聚乳酸之间的相互作用增强了。

Li S H 等[138]在聚乳酸/橡籽粉复合材料体系中分别加入适量的异氰酸酯(MDI)、硅烷偶联剂、聚乳酸接枝马来酸酐(PLA-g-MAH)作为增容剂。结果表明，加入增容剂的种类、剂量变化对复合材料力学性能影响不大。作者认为这是因为聚乳酸基复合材料不像其他聚烯烃复合材料特别需要相容剂，聚乳酸与橡籽粉之间的相互作用已经很强了。

1.4.2.3 通过植物纤维/聚乳酸断面形貌评估相容性

直接观察复合材料所呈现的断面可定性地、直观地评价复合材料的界面相容性。若植物纤维与聚乳酸基质之间结合紧密，没有裂纹、缝隙或微孔，在受到外力作用时纤维拔断了都未能从聚乳酸基质中拔出，则表明聚乳酸基质与植物纤维之间的粘结强度很高，已经超过纤维本身的强度。如此的断面，可明显看到纤维在聚乳酸基质中浸润、穿插、嵌入；或者，裸露在断面上的纤维表面有聚乳酸基质粘附，基质、纤维之间没有清晰的、明显界线。

Lee S H 等[139]制备了添加和未添加赖氨酸的聚乳酸/竹纤维复合材料，观察了复合材料断面的扫描电镜（SEM）照片，如图1.9 所示。没有赖氨酸作为相容剂时，竹纤维与聚乳酸基质之间有很明显的缝隙，界面上还有纤维拔出后留下的边缘清晰、光滑的孔洞，如图1.9(a)，表明界面粘结强度低。而以赖氨酸为增容剂的复合材料的断面上纤维束被撕裂，纤维-基质界面模糊，表明添加赖氨酸后提高了复合材料界面相容性。

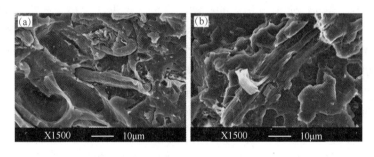

图1.9　PLA/BF(70/30)复合材料中基体与竹纤维之间的界面的 SEM 显微照片(a)不含(b)含 LDI(NCO 含量 0.65%)

Huda M S 等[140]将牌号为 R0083 和 TC1004 的两种植物纤维分别与聚乳酸共混制备复合材料，并通过扫描电镜观察了两种复合材料的断面形貌，结果如图1.10 所示。图1.10(a)中，在 R0083 纤维表面有大量聚乳酸基质附着，在纤维表面包覆一层基质后显得很粗糙，受外力作用时，应力能通过基质向纤维传递，表现出很好的界面相容性和很高的力学强度。相比之下，PLA/TC1004 复合材料断面上，纤维表面附着的聚乳酸基质很少，纤维表面较光滑，纤维-基质相容性较差 PLA/R0083 体系差。

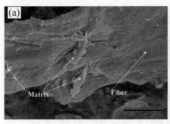

图 1.10 复合材料(a)PLA/R0083，(b)PLA/TC1004
扫描电镜微观照片

Bax B 等[141]制备了聚乳酸/Cordenka 和聚乳酸/亚麻纤维复合材料，并对比了两种复合材料的冲击断面扫描电镜照片，分别如图 1.11(a)和图 1.11(b)所示。Cordenka 纤维从聚乳酸基质中拔出，在断面上留下相应的孔洞，孔洞周围形状规整、光滑；裸露在外的纤维表面平整、光滑，显然没有聚乳酸附着；且纤维-基质界面处有明显的缝隙，聚乳酸基质连续相断口整齐，为明显的脆性断裂，各种迹象表面聚乳酸与 Cordenka 纤维之间的相容性极差。然而，聚乳酸/亚麻纤维复合材料中，亚麻纤维拔出后在断面上留下的孔洞的边缘较为粗糙，纤维表面明显包覆了聚乳酸基质，断面上部分纤维被撕裂成微纤束，聚乳酸基质连续相断面有大形变后留下的涟漪，表明聚乳酸和亚麻纤维之间的界面强度较高、界面粘附性较好。

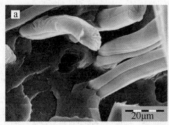
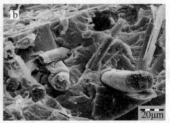

图 1.11 纤维含量30%(a)PLA/Cordenka，(b)PLA/flax
复合材料冲击断面扫描电镜照片

24

以上的文献报道均是通过聚乳酸基复合材料断面形貌，间接判断植物纤维-聚乳酸基质相容性的例子。对比形貌截然不同的两种断面，定性比较相容性的好坏、界面强度的高低。

1.4.2.4 原子力显微镜定量测量植物纤维/聚乳酸界面粘附强度

在 1.4.2.1~1.4.2.3 中详细阐述了通过测量接触角、亲油/水性测试、力学性能、断面形貌观察等方法评估植物纤维-聚乳酸基质的相容性，都只能做到定性评价，两者对比以后分出相容性好坏、界面粘附强度高低，不能给出一个标准化的定量数值。主要是因为植物纤维结构中存在分层现象，用传统分析界面的方法很难测出准确、真实的粘附力数值，如接触角测试、反相气相色谱法等，均只适用于研究均匀的固体表面，若用于植物纤维粗糙表面的测量会有极大的测量误差，甚至得出矛盾的结果，数据没有再现性，缺乏可信度和科学性。

原子力显微镜(AFM)是用于表征、测试纳米级植物纤维表面特性的有效工具[142,143]，国内对该测试途径的运用还鲜有报道，国外在该方面的研究也才刚起步[144]。

AFM 可以用于定量测量植物纤维与聚乳酸基质之间的相互作用力的大小。Raj G 等[145]采用胶体力显微镜测量两个粒子之间粘附力的大小，定量测量界面特性。具体方法为测量微米级聚乳酸粒子靠近光滑的多糖膜表面时，两者之间界面处的作用力，用来模拟聚乳酸与植物纤维之间的粘附力，因为植物纤维的主要成分是多糖，包括纤维素、半纤维素和木质素。这样相当于把表面粗糙、分层的植物纤维光滑处理成多糖膜，排除粗糙度因素对测试结果的干扰，单纯考察聚乳酸和植物纤维本身性质引起的两者界面粘附作用的强弱。

另外，还可以通过考察复合材料体系的表面粗糙度，来定量评估基质-纤维相容性的好坏，粗糙程度用表面高度最大值来衡量。若聚乳酸基质-植物纤维两相界面相容性差，纤维不能完全浸入基质中，会在外表面鼓起造成表面粗糙度增加；若是两相界面相容性较好，两者在较大程度上互相浸润、穿插，基质流平，这样，复合材料表面不太粗糙，测试得到的最大高度数值较小。因而，要比较两种复合材料体系的相容性，只需直接对比两体系的表面粗糙度以及最大高度数值的大小，即可直观地、定量地衡量出相容性的好坏。Frone A N 等[146]将未处理纤维、硅烷偶联剂处理纤维与聚乳酸共混，制备出未增容、增容复合材料；之后，采用 AFM 测量两种复合材料表面粗糙度和最大高度数值，结果表明，未增容复合材料的最大高度数值为 27.3nm，而增容复合材料的最大高度为 16.2nm，经过数据大小的比较，得出增容复合材料的界面的粘附强度比未增容复合材料的高。

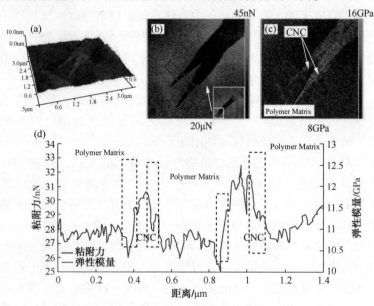

图 1.12 （a）3D 高度，（b）粘附力，和（c）弹性模量图（3.5×3.5μm²）（b）中的插图显示扫描区域（PVA 80-CNC 10-PAA 10）。（d）（b）和（c）中的红色框中的区域的粘附力和弹性模量曲线是平均值。聚合物基质和 CNC 区域标记在相应文件上。相间区域是粘附性和模量分布重叠的距离

Pakzad A 等[147]制备了高聚物/微晶纤维素纳米复合材料，采用 AFM 定量测量某一 $50\mu m \times 50\mu m$ 区域内复合材料的高度、粘附力以及弹性模量。图 1.12 中(a)是复合材料的 3D 高度图，(b)、(c)是同一区域对应的粘附力、弹性模量，图(d)是图(b)、(c)中红色方框内沿虚线方向扫描时位置-粘附力曲线和位置-弹性模量关系曲线。计算图(d)中基质的粘附力的平均值大约为 32nN，纳米微晶纤维素粘附力平均值大约为 26nN，在纤维与基质过渡的区域是两相界面，该区域已在图(d)红色方框标示出来。从基质相到纤维相过渡时粘附力缓慢降低，同样，从纤维相到基质相粘附力缓慢增加，表明两相界面相容性较好。异质的两相在界面处互相穿插时，界面区域具有两相共同的特性，粘附力数值在独立两相的数值之间缓慢变化。

采用 AFM 或胶体力显微镜可以直观、定量测量或模拟聚乳酸-植物纤维复合材料的粘附力、表面高度，然而该法有如下缺点。

① AFM 和胶体力显微镜只能测量纳米级纤维与高聚物基质之间的表面特性，对宏观植物纤维的填充不适用。

② 测试出来的粘附力值，本质上是原子力显微镜针尖原子与基质的粘附力，以及针尖原子与纳米纤维素的粘附力，并非测出基质与纤维之间真实的粘附力。

③ AFM 和胶体力显微镜都只针对很微小的一块区域进行测试，若所观察区域比较特殊，不具整体代表性，会犯"盲人摸象"的错误。

1.4.2.5 杨氏公式法定量计算植物纤维/聚乳酸界面粘附力

复合材料两相界面粘附力还可通过熔体液滴滴落在另一相表面时所呈现的接触角测量，并根据杨氏公式来计算：$W_{adh} = \gamma_l (1 + \cos\theta)$，其中 γ_l 是熔体液滴的表面能，θ 为接触角，通过测量和计算即可得到界面粘附力。Raj G 等[148]将聚乳酸熔融液滴滴落在纳米植物纤维表面，如图 1.13 所示，测量出接触角 θ，代入杨氏公式计算得到聚乳酸与纳米植物纤维之间粘附力大约是 $30\text{mJ}/\text{m}^2$，此计算结果与 AFM 测出来的粘附力相吻合。采用杨氏公式法计算界面粘附力时，聚乳酸熔体液滴滴落在纤维表面形成接触角 θ，其值的准确性与以下实验因素有很大的关系：聚乳酸熔体热熔时间、熔体的冷却速率、熔体的温度、纤维的表面平整度。

图 1.13　聚乳酸熔体液滴滴落在纤维素表面的接触角 $\theta = 102$

聚乳酸/植物纤维复合材料通过简单的物理共混方法，改变空间结构以达到性能上取长补短，得到综合性能优异的聚乳酸基复合材料，其应用越来越广泛。农用易耗薄膜材料、电器、电子、室内装饰材料、野外文体用品、食品包装材料、日常用品、办公用品、风景区短期用装置或设施、栈道、花架、护栏、医用材料等也将是聚乳酸基复合材料的潜在应用领域[149]。在我国，聚乳酸/植物纤维复合材料的研究起步较晚，目前还处于基础性探索研究阶段，对复合材料体系界面相容性只能做间接定性评估，且绝多数研究还处于实验室阶段，还未实现工业化，对聚乳酸/植物纤维复合材料的深入研究乃至工业化应用任重而道远。

1.4.3　聚乳酸/植物纤维复合材料的制备方法

聚乳酸为线性高分子材料，属于热塑性树脂，具有良好的成型加工性。当环境温度高于熔点温度时，发生熔融；当温度低于熔点时，冷却固化。因此，可采用挤出、热压、注塑、吹膜等成型工艺对聚乳酸进行加工。另外，三氯甲烷和四氢呋喃是聚乳酸的良溶剂，溶解成适当浓度的聚乳酸溶液后成膜性、成丝性非常好；由此，将聚乳酸溶解在良溶剂中即可采用溶液成膜和纺丝的方法制成产品。类似的，聚乳酸/植物纤维复合材料亦可用以上介绍的方法成型加工。下面概述了热压、挤出、混炼、溶液共混、静电纺丝等工艺过程，以及各种成型方法的利弊。

1.4.3.1 热压

热压又称为熔融热压，主要指粉末、颗粒、坯材等加热到熔点附近的高温，受到单轴向压力和模具反作用力压制成型，经过冷却定型后得到所需产品的工艺。热压成型的控制性因素有三个，分别为温度、压力和时间。成型过程可归纳为加热软化熔融、低压预压、高压加压、冷却定型等过程。所需设备和操作步骤较为简单，只需将模具放在可加热的上、下两板之间，模具预热后再将原料放入模腔内加热，一定时间后原料软化。对软化的原料施加低压进行预压，排除空气压实后，适当增加压力，可略微升高温度，将材料熔融并压实，带着模具一起取出，冷却后脱模放置24h以上即可得产品。

采用熔融热压法加工聚乳酸/植物纤维复合材料时，可制备纤维一维、二维、三维[150]取向的复合材料，且取向方向可控[151]。将纤维编织成束成股，或聚乳酸纤维与植物纤维混纺成纱线，聚乳酸原料与纤维束或混纺纱线一起热压，得到纤维一维取向的复合材料。Kobayashi S 等[152]将大麻纤维和聚乳酸纤维混编、混纺成如图1.14所示的微编纱（micro-braided yarn），热压后得到聚乳酸/大麻纤维复合材料。通过分析测试得出适宜的的热压条件为：温度190℃、压力1MPa、热压时间4min，纤维一维取向增强聚乳酸。

图 1.14　聚乳酸和大麻混编成的微编纱[154]

纤维还可以通过编成织布，以夹心的方式增强聚乳酸[153]。Siengchin S 等[154]将亚麻纤维按经纬方向织成织物，一层聚乳酸颗粒一层织物多层交替放置，热压后制备聚乳酸/亚麻纤维复合材料，其力学性能均高于纯聚乳酸。在该研究中，亚麻纤维在经纬方向取向，以提高复合材料的强度。类似的，Bajpai P K 等[155]将植物纤维预先编织成布，一层编织布一层聚乳酸交替放置、层层叠加，在温度为 180℃、压力为 4MPa 的条件下热压4min，制备出如图 1.15 所示"三明治"结构的聚乳酸/植物纤维复合材料，纤维在复合材料中二维取向。此法在植物纤维增强高聚物研究中广泛使用[156]。

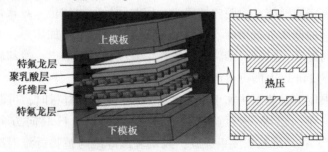

图 1.15　层层热压制备聚乳酸/植物纤维复合材料示意图[157]

还可将纤维制成特定的形状作为加强筋以增强高聚物。Zuhri M Y M 等[157]将亚麻短纤维制成方形和三角形蜂巢状加强筋结构，如图 1.16 所示。方框和三角形空间内用聚乳酸颗粒填充，热压后制备出厚度分别为 0.9mm、1.3mm 和 2.0mm 的复合材料。结果显示复合材料的力学性能高于纯聚乳酸，加强筋为三角形结构的复合材料强度、韧性均高于方形结构。

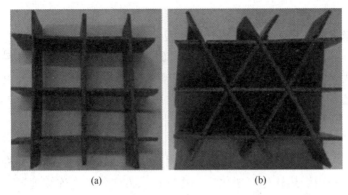

图 1.16　加强筋结构(a)方形，(b)三角形蜂巢状[159]

巫丽英[158]先将纯聚乳酸热压成薄膜，再在两层聚乳酸薄膜之间均匀整齐放入麦秆，再热压制备出聚乳酸/麦秸复合材料。

熔融热压过程中，也可加入填料或助剂，改善复合材料的其他性能以满足使用要求。Siengchin S 等[159]将聚乳酸颗粒、亚麻织布、界面剂和耐热改性剂在热压过程中加入聚乳酸/亚麻纤维复合材料。界面剂的加入提高了复合材料的断裂伸长率，延展性得以改善；耐热改性剂的加入使复合材料的热稳定性提高了。

熔融热压法制备聚乳酸/植物纤维复合材料有如下优缺点。

优点：

① 纤维的取向维数和取向方向可设计[160]，此法可制备聚乳酸/长纤维复合材料[161]。

② 设备简单，操作容易，一次加工就可以制备出成品[162]。

③ 在加工过程中，不需要熔体流动，可制备高纤维含量的聚乳酸基复合材料[163]。

缺点：

① 模具预热、通过模具向物料传热，整个过程时间长，效率低，对于聚乳酸而言长时间在空气中受热易造成降解。

② 压力较低，且热压温度仅略高于聚乳酸的熔点，熔体并未完全进入黏流态，因此，制品缺陷较多，且尺寸精确度较低。

③ 热压时，复合材料熔体没有受到剪切力，纤维很难分散，纳米纤维不适宜用此法填充聚乳酸。

热压工艺一方面可以制备出聚乳酸/植物纤维复合材料成品[164,166]，也可与其他成型加工方法配合使用，作为挤出和混炼工艺的后续成型方法被广泛应用，此方法将在 1.4.2.2 和 1.4.2.3 中详细介绍。

1.4.3.2 熔融挤出

熔融挤出是指固体物料经加料口进入到螺杆之间，随螺杆的转动一边受热软化、塑化，一边向机头方向传送，连续地通过机头的口模挤出黏度较高的熔体。采用熔融挤出可生产管材、片材、型材、电线电缆等。对于聚乳酸/植物纤维复合材料而言，未见采用熔融挤出直接制得成品的例子报道，常采用挤出机共混制备复合材料，再与其他成型工艺方法，如热压、注塑配合使用生产出复合材料成品。热压工艺在 1.4.3.1 中已有介绍，注塑又叫作注射模塑成型，是指在一定的注射压力作用下将熔体注射到一定温度的模具中，熔体冷却开模后得到产品的成型方法。注塑成型法生产效率高，可实现自动化控制，制品尺寸极为精确，制品缺陷少，适于大量生产。

熔融挤出-注塑[137]制备复合材料产品的例子极多，加工工艺过程大致为：干燥的聚乳酸与植物纤维在螺杆挤出机中熔融挤出共混，经冷却、切粒、干燥、注塑成型[168,171]后得到产品。为了改善复合材料其他性能可在挤出之前加入适量适当的添加剂，搅拌混合均匀后再挤出-注塑。

挤出-热压的实例也较为常见，Shubhashini O 等[172]将大颗粒的聚乳酸加入挤出机中挤出制得小颗粒后，再将聚乳酸颗粒与大麻纤维热压，制备出聚乳酸/大麻复合材料。Rahman M M 等[173]将纤维素晶须分散在 N，N-二甲基甲酰胺（DMF）溶剂中配成悬浮液，再与聚乳酸挤出共混，干燥后热压成型，所得的复合材料中纤维素分散均匀，没有团聚现象。

熔融挤出制备聚乳酸/植物纤维复合材料的优缺点如下。

优点：

① 挤出过程中，高聚物熔体和纤维受剪切力作用，纤维分散性较好，可达单根分散的程度。

② 设备简单，操作方便，自动化程度高，温度、压力、时间控制精确，效率高，可工业化大规模生产。

缺点：

① 植物纤维的密度低，长纤维之间严重缠结，易堵塞加料口，复合材料中纤维含量很难精准控制。

② 挤出过程中螺杆的剪切，挤出后经切粒机切断成切片[174]，植物纤维只能以短纤维形式增强聚乳酸。

③ 挤出时熔体随螺杆转动向前推进，若纤维含量过高，摩擦力太大，熔体流动困难，只能制备纤维含量不太高的复合材料。

④ 尽管物料在螺杆中停留时间短[175]，但挤出工艺只能制备出复合材料，还需配合后续成型加工[176]才能得到产品，两次加工温度都在聚乳酸熔点以上，且物料在有氧气的情况下受到螺杆剪切力作用，复合材料容易发生热氧降解，使强度降低。

⑤ 螺杆剪切尚且不能分散纳米级纤维，采用挤出工艺不能制备聚乳酸/纳米纤维复合材料，纳米纤维容易团聚。

熔融挤出制备聚乳酸/植物纤维复合材料因设备和方法简单、一次性投资以后成本较低而被广泛采用[177]。

1.4.3.3 混炼

混炼有开炼、密炼之分，可加热两辊以一定的速度差旋转，辊筒之间距离可调。按混炼机结构不同又分为开炼和密炼。将聚乳酸和植物纤维加入事先预热的两辊之间，聚乳酸随辊筒转动卷入两辊的间隙软化、充分塑化，在剪切作用下，使聚乳酸和纤维充分混合、界面粘结紧密。密炼原理和开炼较为相似，只是密炼在密闭状态下进行，熔态黏性物料的受力情况不同。还有部分文献报道使用流变仪[178]、塑性计[179]制备聚乳酸/植物纤维复合材料，其本质也是聚乳酸热熔后剪切混合[180]。混炼大多只能得到复合材料的半成品，成材后还需联合使用其他成型工艺才能制备出产品。

Majhi S K 等[181]将聚乳酸和香蕉纤维加入混合机 Haake Rheocord 中，在 190℃、转速 40r/min 的条件下混合 10min，再采用热压法使复合材料成型为产品。Sis A L M 等[182]将聚乳酸、洋麻和添加剂加入密炼机，密炼条件为：温度 170℃预热 2min，转速 30r/min 混合 13min，复合材料冷却后热压成型得到复合材料产品。Okubo K 等[183]将微米级粉料聚乳酸、微纤化纤维素（MFC）、水按配比初步混合，再在常温下采用三辊磨机碾磨，干燥后热压成型。Fortunati E 等[184]将微纤化纤维素与聚乳酸密炼，密炼条件为：温度 180℃、转速 60r/min、时间 15min，冷却、干燥、注塑成型。宋丽贤[185]将木粉改性后与聚乳酸初步混合均匀，经开炼熔融共混制备复合材料后热压成型。

秦利军[186]先对稻草纤维进行表面处理，之后与聚乳酸初步混合，之后在 HAAKE 流变仪中混合，熔融混合物料趁热倒入热压模具中热压成型。

密炼过程可以加入其他改性剂，赋予复合材料更高的力学性能或其他功能，如添加界面增容剂改善力学性能、添加阻燃剂赋予复合材料阻燃性能[187]。

混炼制备聚乳酸/植物纤维复合材料的优缺点如下。

优点：

① 混炼设备体积小、结构简单，操作方便，容易拆卸维修。

② 与开炼工艺相比，密炼过程无需手工割片、翻料，人力成本低，安全性较高。

③ 密炼过程中物料所受的剪切力比开炼过程大得多，混炼温度也较高，混合效率、混炼效果较开炼工艺好。

④ 循环、往复的剪切作用使聚乳酸与植物纤维混合更加均匀。

⑤ 短纤维(长度在 7mm 以下)和纳米级植物纤维适用此法。

缺点：

① 受混炼工艺过程的高温、强剪切作用、暴露在空气中与氧气直接接触等因素的影响，容易造成复合材料热降解，力学强度会在一定程度上降低。

② 长纤维不宜使用此法，长纤维容易缠结、难于分散；即便强行加入长纤维，混炼过程中需多次割片，纤维长度也不能保证，很难制备长纤维增强聚乳酸复合材料。

③ 使用开炼工艺时，大量消耗工人体力，高温下对高黏性的、转动的混炼料进行切片，容易受伤；且翻片次数对复合材料的性能影响很大，很难保证不同批次混炼样品的质量相同。

④ 经过的混炼复合材料多为半成品，还需与其他成型工艺配合才能得到产品，如热压[188]、注塑等。

1.4.3.4 溶液共混

聚乳酸在室温下能溶于二噁烷、氯仿、二氯乙酸、二氯甲烷、乙腈等有机溶剂，在沸腾状态下甲苯、乙苯、丙酮、四氢呋喃等都能很好地溶解聚乳酸。将聚乳酸溶于以上溶剂配制成浓溶液，在浓溶液中混入植物纤维，搅拌均匀使溶剂挥发即可制得聚乳酸/植物纤维复合材料，此法为溶液共混法。

Yakubu M K 等[189]采用溶液法制备了聚乳酸/亚麻纤维复合材料，并在混合体系中加入微量的相容剂过氧化二异丙苯、苄基乙醇酸、苯基乙醇酸，以改善纤维–聚乳酸界面相容性能。Baheti V 等[190]将黄麻纤维素微晶混入聚乳酸的氯仿浓溶液，经强力搅拌均匀后在聚四氟乙烯膜上流平，室温风干48h，固化后揭下聚四氟乙烯膜，得到聚乳酸/黄麻纤维复合材料薄膜。

天津科技大学肖同姊[191]将一定量干燥的聚乳酸溶于氯仿，苎麻纤维经过偶联剂处理纤维表面后浸没在聚乳酸的浓溶液中，待气泡除去后，注入模具中，溶剂挥发固化后即可得聚乳酸/苎麻纤维复合材料。大连理工大学宋亚男[192]将干燥的纤维素微纤（MFC）浸润在二氯甲烷溶剂中，超声、搅拌，再向混合体系中投入聚乳酸，继续搅拌、超声直到聚乳酸溶解完全。将混合体系注入模具，溶剂挥发固化后得聚乳酸/MFC复合材料。

采用溶液共混制备聚乳酸/植物纤维复合材料优缺点如下。

优点：

① 溶液共混工艺过程不需要大型机械设备，操作简单。

② 混合过程在室温下进行，没有较强的剪切作用，聚乳酸不会发生热氧降解而导致聚乳酸/植物纤维复合材料强度降低。

③ 聚乳酸溶于溶剂成完全透明体系，纤维的分散情况直观可见，易混合均匀。

④ 对纤维的尺寸没有要求，长、短纤维、纳米级纤维均可使用此法。

缺点：

① 溶液共混过程中需大量使用有机溶剂，成本高且有毒性，对操作人员及环境有极大的危害。

② 溶液浓度低，可充分混合，但溶剂消耗量大，浓度高，分散程度有限，特别是对于纳米级纤维而言。

③ 共混体系浇注到模具中挥发溶剂固化时，上表面固化起皮后，体系内部极易产生气泡，制成的复合材料不致密。

1.4.2.5 静电纺丝

静电纺丝是指带几千至上万伏高压静电的聚合物流体(溶液或熔体)，在电场中加速，聚合物熔体或溶液呈喷射细流，也就是将流体静电雾化。在喷射过程中细流溶液中的溶剂挥发或熔体冷却固化，最终形成无纺纤维布。

在1.4.2.4溶液共混中已介绍聚乳酸极易溶于三氯甲烷配制成稀溶液，且三氯甲烷沸点低、易挥发，因此，采用静电纺丝法制备聚乳酸/纳米纤维无纺布被大量应用[193,195]，医药领域应用较为广泛，如组织工程、药物缓释等。

施庆锋[196]将一定量的聚乳酸和纳米棉纤维(NC)加入到三氯甲烷和二甲基甲酰胺的混合溶剂中，配制成聚乳酸浓度为15%的混合悬浮液，超声、搅拌使纳米棉纤维分散均匀，采用静电纺丝制备聚乳酸/纳米棉纤维复合无纺膜。控制纺丝条件，纤维直径约为 100nm，无纺膜具有优异的力学性能。

静电纺丝制备聚乳酸/植物纤维无纺膜的优缺点如下。

优点：

① 可制备出聚乳酸/植物纤维纳米级复合材料。

② 溶液纺丝工艺在 100℃ 以下温度进行，不会造成聚乳酸热氧降解。

缺点：

① 设备成本高、一次性投资较大，纳米纤维的制备工序复杂、过程繁琐；纺丝液需要很大比例的有机溶剂，成本高且纳米纤维分散困难。

② 污染严重，静电纺丝工艺，需要氯仿溶剂挥发，而氯仿属于有毒溶剂，对工人身体及环境造成危害。

③ 纺丝速度慢，生产效率低。

④ 只能制备聚乳酸/植物纤维纳米级或微米级复合材料，尺寸较大的植物纤维会堵塞喷丝孔，因此不能采用此法。

1.4.2.6 其他

聚乳酸/植物纤维复合材料制备工艺的选择还可根据纤维的尺寸、形状以及最终复合材料产品的形状，在上述方法中挑选适当工艺搭配、组合。Arao Y 等[197]采用长粒制造机（其核心部件为相对转动的两根啮合螺杆）[198]制备出长为 6mm 的聚乳酸/黄麻复合材料切片[199]，再采用双螺杆挤出机熔融挤出造粒，干燥后注塑成型。此种制备复合材料的方法的本质是挤出-挤出-注塑，复合材料一共经历了熔点以上的三次加工，纤维在聚乳酸基质中分散均匀，但多次在空气中高温加工易造成复合材料热氧降解。

Pirani S 等[200]首先使用静电纺丝法制得微/纳米聚乳酸无纺布，其次将无纺布浸泡在纳米棉纤维素（NCC）悬浮液中，捞出后冷冻干燥，最后热压，制备出纳米棉纤维素含量不同的复合材料。不难看出此复合材料的制备采用了静电纺丝-溶液共混-热压三种方法连用，纳米棉纤维素含量为 0.5% ~ 3% 时，复合材料的力学性能(如,拉伸强度、杨氏模量)优于聚乳酸。但此制备方法工序繁复,成本较高,从实验数据上看,复合材料的性能提高幅度不大。

Linganiso L Z 等[201]先采用如图 1.17 所示左边的设备所示将聚乳酸与亚麻纤维混纺成纱线,经预加热软化后在电热模中成型,在冷却模中冷却定型后由牵引机绕卷输出。

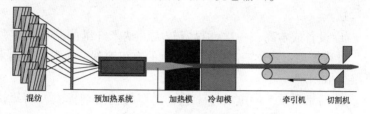

混纺　　　预加热系统　　加热模　冷却模　　　牵引机　　切割机

图 1.17　聚乳酸/亚麻复合材料挤压成型示意图[204]

综上述,聚乳酸/植物纤维复合材料的制备-成型加工方法的选择和确定,要综合考虑以下几个因素。

① 实验原料,聚乳酸是粒料、粉料还是切片,若是颗粒,也要充分考虑颗粒尺寸大小;纤维种类、长径比、纤维长度等,若是粉状还需考虑粒径。

②最终还需根据复合材料产品中纤维分散程度、纤维是否取向、纤维含量的要求,选择合适的加工、成型方法。

③ 产品用途、尺寸精度、形状(板材、薄膜、片材等)。

④ 满足要求的情况下,尽量减少高温加工次数以减少聚乳酸的热氧降解、提高加工效率、保证安全性、降低加工成本等。

1.4.4　聚乳酸/植物纤维复合材料的应用

目前,聚乳酸单独用于汽车材料还不现实,聚乳酸基复合材料用于汽车已有案例。欧洲和日本汽车的内饰件已经开始尝试使用聚乳酸/天然纤维复合材料。Lee B H[202]用聚乳酸/洋麻复合材料制成汽车内天花板,经过测试,拉伸强度、断裂伸长率和弯曲强度都能满足要求。马芳武教授认为,在国外生物基复合材料的推广速度比国内快得多，因为他们更重视环保。相对而言欧美国家更注重可持续发展的材料开发和研究。国内企业对成本较为敏感，自主品牌产品的定位和品牌溢价能力低。根据目前的发展趋势，急需研发应用于车辆、性能符合要求的生物基复合材料。刚度、拉伸强度、韧性的提高已成为材料工程师亟待解决的问题。当然在生物基复合材料应用推广的过程中，也会遇到以下技术难题：

① 成本，原料和设备的采购、生产准备、加工、成型，整个过程的成本需要准确核算。

② 消费者的习惯，消费者习惯了用聚丙烯、尼龙等成本低、容易成型的石油基材料，思想观念和接受障碍将横亘在生物基复合材料的应用与传统塑料市场之间。

③ 生物基复合材料要应用于汽车领域，必须用长纤维增加强度，需要新技术投入。

常用的汽车材料主要包含金属(镁、铝、钢等)、塑料(主要是聚丙烯)、复合材料(玻纤、碳纤增强)、弹性体、油漆、皮革等，汽车轻量化常用的材料如图 1.18 所示。由图可见，生物基复合材料材料是一类重要的汽车轻量化材料。

图 1.18　汽车轻量化材料

生物基纤维材料在汽车领域的具体应用如图1.19所示。生物基纤维用于汽车主要是通过天然纤维增强体的形式加入到树脂中制成复合材料，其优缺点总结如表1.2所示。

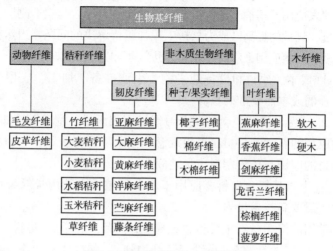

图 1.19　汽车常用的生物基纤维

表 1.2　植物纤维增强树脂的优缺点、改性方法和成型方法

分类	具体表现
主要优点	可降解，容易满足环保要求，避免产生大量 VOCs
	与传统的玻璃纤维、碳纤维相比，生产加工更加低碳环保
	密度小于传统玻璃纤维、碳纤维
	弹性模量不输于玻璃纤维，甚至更好
	吸音效果好，可隔绝、衰减噪音
	来源广、价格更低
存在缺陷	抗拉强度普遍低于玻璃纤维、碳纤维，且强度不易控制
	分解温度低，超过200℃易分解，力学性能会下降
	界面问题，天然纤维富含亲水基团，树脂基多为疏水性，界面结合差，粘附力较低
	分散，难以均匀分散
改性方法	物理改性：高能射线辐射法、机械破碎法、热处理法等
	化学改性：接枝共聚、酸碱处理法等
成型方法	模压成型、RTM 成型、注射成型等

天然纤维复合材料用于汽车的典型案例有：福特"Mondeo"汽车使用了该类材料模压成型门板；奔驰 E 级轿车门板也使用了天然纤维复合材料；采用模压成型法将天然纤维复合材料做成门板用于宝马 5 系汽车；福特"Focus"汽车采用了黄麻纤维增强聚丙稀的发动机防护罩；奥迪 A4 后备箱盖、宝马 3 系车门衬板、雷诺 Twingo 汽车后窗台饰板等也曾用亚麻纤维增强的塑料来制造；丰田汽车采用聚乳酸和洋麻纤维复合材料作为汽车轮胎罩和车垫使用；帝人公司曾开发出耐热聚乳酸，其热变形温度能升高至 160~200℃，之后开发出车用耐热聚乳酸/纤维 Biofront 复合材料，主要用于车内纺织品。

目前，国内对生物基复合材料开展研究大多只停留在实验室，参与的公司较少，具备自主知识产权的更少。因此，对于国内汽车企业来讲，生物基复合材料大量应用于汽车还需要政府的引导力度。现阶段，国内企业已经逐渐认识到绿色环保汽车和可持续发展产品的重要性，尤其是"十三五"规划，绿色环保的提倡力度和重视程度很高，不久的将来定会有巨大的突破和发展。

聚合物/植物纤维复合材料还作为建筑材料在森林公园和上海世博会上用作花架、栈道、护栏。我国聚乳酸/植物纤维复合材料的研究还处于基础研究阶段，东丽纤维研究所（中国）有限公司在研究聚乳酸/天然纤维复合材料中，用常规偶联剂对天然纤维进行表面处理，将此天然纤维与聚乳酸树脂及抗氧剂、成核剂、润滑剂混合，熔融挤出造粒，制备产品可用于汽车、建筑和居家装饰等领域。另外，东丽和丰田公司开发了聚乳酸/洋麻纤维的汽车备用轮胎盖，日本 NEC、富士通等公司制造的以聚乳酸为主材料的电脑外壳，除此之外，聚乳酸在随身听、DVD 机、手机外壳上也有应用。总的来说，聚合物/植物纤维复合材料在我国应用处于初级阶段，在世界发达国家应用较为广泛。北美地区每年托盘的用量高达 2 亿多个，其中聚合物/植物纤维复合材料托盘产品占市场份额近一半[203]。

1.5 聚乳酸基复合材料研究的意义

石油工业的快速发展为人类的衣、食、住、行提供了极大的便利，特别是石油来源聚合物的广泛应用（工业、农业、医药、电子及生活日用品等领域）。高分子材料以其独特的优势，部分取代了传统材料，成为生活中不可或缺的材料。然而，这些高分子材料也带来了很多负面影响，石油等不可再生资源的耗费和废弃塑料造成的"白色污染"，能源和环境问题已成为当今世界亟待解决的两大难题。来源于可再生资源、废弃后可降解的高分子材料成为研究热点，聚乳酸就是可再生、可降解的"明星材料"之一。

聚乳酸可通过玉米、淀粉、土豆等发酵的乳酸聚合而成，来源于可再生资源；且具有高强度、高模量、透明性好、易于成型加工等的优异性能；更重要的是聚乳酸具有可降解性，废弃之后最终分解为二氧化碳和水，不会对环境造成污染和破坏。因此，聚乳酸已广泛应用于医药、农业、包装等领域，但由于聚乳酸冲击强度较低、耐热性能较差、结晶速率较慢、结晶度低等，限制了其在汽车、摩托车、IT 和电子等领域的应用。因此，迫切需要对聚乳酸进行改性以拓宽其应用领域。

近年来，聚乳酸/植物纤维复合材料受到广大科研工作者的关注，因为植物纤维具有不可比拟的优势。首先，植物纤维来源于自然界可再生资源，价格低廉，极易获得；且废弃后完全可降解，作为填料加入聚乳酸之后不会对其降解性能造成负面影响。其次，植物纤维中纤维素特殊的取向结构，使其具有较高的柔韧性、强度和模量，是较佳的增强、增韧材料。再次，植物纤维密度较小，一般填充量较低时就能达到较好的增强增韧效果，因此不会影响聚乳酸质轻的优点，也不会磨损成型加工设备，且所得成品具有较好的透明度和外观色泽。亚麻纤维属于麻类韧皮纤维，纤维素含量较高，与其他植物纤维相比具有较高的强度、韧性等综合力学性能，且我国的亚麻产量居世界第一。因此本课题采用亚麻纤维作为聚乳酸的增韧填料，制备高性能聚乳酸/亚麻纤维（PLA/Flax）复合材料，研究结果对于加快聚乳酸应用领域的拓展具有重要现实意义。本论文还得出了纤维表面改性的增容机理和纤维对聚乳酸的增韧机理，在以往的研究中未见报道，对提高聚合物/植物纤维复合材料相容性和力学性能有理论指导意义。

1.6　聚乳酸基复合材料的研究思路

为了增韧聚乳酸，拓宽其应用范围，研究思路如下：采用在聚乳酸基质中加入亚麻纤维的方法，主要分三部分：

① 对纤维表面进行改性；

② 纤维表面改性对 PLA/Flax 复合材料性能的影响，探讨增容机理；

③ 考察纤维含量对 PLA/Flax 复合材料性能的影响，探讨增韧机理。

对于共混体系，首先要解决的就是相容性问题，若基体与增强体之间界面粘结差，外力作用过程中不能均匀传递应力，增强体非但不能起到增强的作用，还会成为应力集中物，降低其力学强度。因此，在制备复合材料之前，采用多种方法对纤维表面进行改性以期提高复合体系的界面相容性，为纤维能够增韧聚乳酸打下基础。多种方法对比研究，一方面可以选出较优纤维处理方案，另一方面探讨不同改性方法的增容机理。

材料的综合性能较高才能得以广泛应用，除了相容性外，还需从多个方面对复合材料的性能进行考察，如结晶、耐热性、热膨胀行为、动态力学性能及吸水性。筛选出增容效果较佳且对材料其他性能负面影响较小的纤维改性方法，为所研究材料能更好地应用打好基础。

纤维作为填料非均相填充聚乳酸，其含量对复合材料的韧性和其他性能影响很大。为了得到高性能的 PLA/Flax 复合材料，制备了纤维含量不同的一系列复合材料，并对其各项性能和行为进行测试、表征。一方面选出韧性较高且对材料其他性能负面影响较小的配比；另一方面通过多方面的分析、测试结果，提出较为全面、合理的增韧机理。

第2章 表面改性亚麻纤维的结构与增容机理

2.1 引 言

研究聚合物复合材料体系时，无论是高聚物/高聚物、高聚物/有机小分子添加剂还是高聚物/无机物，首先要考虑的就是相容性问题。相容性好的体系，能达到 1+1>2 的效果；相反，若体系相容性差，则导致 1+1<1 的结果。

植物纤维富含羟基，极性较强，亲水性较强；而聚乳酸为疏水性的，属极性较弱聚酯，两者混合时，界面润湿性较差、界面结合强度低。相容性问题解决不好，基体与增强体之间界面粘结强度低，在受到外力作用时，应力不能均匀传递，造成应力集中，增强体非但不能起到增强作用，还会成为应力集中物，降低其力学性能。因此，复合材料的相容性问题成为研究复合材料时需要考虑的首要问题。本章采用碱处理、电晕处理、马来酸酐接枝和硅烷偶联剂处理四种方法对亚麻纤维表面进行改性，以期改善纤维与聚乳酸基质的界面相容性。

2.2 实验部分

2.2.1 主要原料、试剂及仪器设备

2.2.1.1 主要原料、试剂

聚乳酸(本书中所用的聚乳酸均为左旋聚乳酸)：6060D，挤出级，密度 1.24g/cm³，熔流率 210℃/2.16kg，美国 Nature

Works。亚麻纤维：纤维长度≤5mm，纤维直径 10~30μm，拉伸强度 ≥206MPa，旌德县雨燕麻业有限公司。硅烷偶联剂（KH550）：纯度≥99.0%，南京曙光化工集团有限公司。氢氧化钠（NaOH）、马来酸酐（MA）、二甲苯、氯仿、甲醇均为市售，分析纯。氧化二异丙苯（DCP）：国药集团化学试剂有限公司，化学纯。

2.2.1.2 主要仪器设备

双螺杆挤出机：TE-34 型，化工机械研究所。

全液压式精密注射机：HTF-80-W2 型，宁波海天股份有限公司。

DZF-6050 型真空干燥箱：上海精密实验设备有限公司。

CMT-5104 型电子力学性能实验机：深圳市新三思材料检测有限公司。

XCJ 型悬臂梁式冲击试验机：吉林大学科教仪器厂。

Nicolet460 型红外光谱仪：美国 Nicolet 公司。

偏光显微镜：59XC 型，上海仪器六厂。

JSM-6700F 型扫描电子显微镜（SEM）：日本 JEOL 公司。

新型高效电子处理机：CFSM-2002，长风电子设备厂。

塑料破碎机：SWP-100，青岛橡胶塑料机械厂。

2.2.2 纤维的表面改性

碱处理：配制浓度为 10%、5%、5%的 NaOH 水溶液，称取三份 10g 亚麻纤维分别浸泡其中，浸泡时间分别为 7h、7h、3h 后洗涤至中性再用蒸馏水清洗；在室温下风干备用。

马来酸酐接枝纤维：将马来酸酐溶于二甲苯溶剂，在 60℃下配制不同浓度的溶液，倒入三口烧瓶。将经过碱处理的亚麻纤维浸泡其中，在一定温度下浸泡一定时间，制备酯化纤维，自来水冲洗除去大量的二甲苯及未参与反应的马来酸酐，再用蒸馏水清洗，最后用乙醇浸泡清洗，在室温下风干备用。具体实验条件参照表 2.1。

表 2.1 马来酸酐接枝亚麻纤维实验条件

编号	马来酸酐浓度/%	温度/℃	时间/h	DCP(纤维量)/%
a	20	140	4	0
b	10	110	1	0
c	20	110	2	0
d	20	100	2	0.6

电晕处理：将经过碱处理的薄薄的一层亚麻纤维平铺在薄膜上，放电电压设置为 10kV，以不同的速度(5cm/s、0.5cm/s)通过电晕处理机，处理后备用。

硅烷偶联剂 KH550 处理纤维表面：配制一定浓度的硅烷偶联剂、甲醇、水溶液，将干燥的纤维在室温下浸泡其中，一定时间之后在 40℃下干燥 2d，具体实验条件参照表 2.2。

表 2.2 硅烷偶联剂 KH550 处理纤维实验条件

编号	KH550(纤维质量)/%	甲醇/水(体)	浸泡时间/h
a	2	90/10	2
b	6	80/20	1
c	10	80/20	1
d	20	70/30	0.5

2.2.3 复合材料制备和成型加工

复合材料的制备创新性地采用了溶液共混-熔融挤出-注塑成型的加工方法，将聚乳酸溶于氯仿，待完全溶解后，加入亚麻纤维强烈搅拌直至混合均匀，在室温下自然风干，破碎后制备母粒，母粒再与纯聚乳酸粒料一起熔融挤出、水浴冷却、切粒、干燥、注塑成型。

该制备工艺与文献报道的制备方法相比有四大优势。

① 纤维均匀分散在聚乳酸基质中，避免了纤维团聚和缠结而形成富纤区(在第 4 章中，纤维添加量高达 20%(质)，断面上

认可清晰看到纤维均匀分散)。

② 解决了挤出过程中纤维堵塞加料口、加工困难的问题，由于纤维和聚乳酸的密度、外观尺寸相差太远，聚乳酸颗粒顺利通过加料口进入螺杆加工区，而形如棉花的亚麻纤维常常堵塞加料口；而经过溶液共混制备的母粒的密度和外观尺寸与聚乳酸粒料接近，可顺利进行挤出加工。

③ 可以准确控制纤维含量，若将聚乳酸粒料与纤维直接加入，容易造成纤维含量比预先设定值偏低，因为纤维不容易加入；即便是纺成纱线的纤维通过加纤口加入挤出机，也很难准确控制纤维含量。

④ 尽量减少聚乳酸的热降解，文献中采用多次挤出或混炼的方法也可得到分散均匀的复合材料，但加工过程中聚乳酸热降解容易造成强度和韧性降低；溶液法制备 PLA/Flax 母粒，在室温下进行不会造成聚乳酸的热降解。

详细加工过程如下，将聚乳酸溶于氯仿，待完全溶解后，加入平均长度为 5mm 的未处理纤维(UF)和不同方法处理的纤维并搅拌均匀，在室温下自然风干 3 天，制备成母粒。将母粒破碎以后，与一定量纯聚乳酸混合均匀，加入双螺杆挤出机中熔融挤出，挤出温度分别为一区 172℃，二区 175℃，三区 177℃，四区 177℃，五区 174℃，六区 172℃，螺杆转速 150r/min。为了研究纤维处理方法对复合材料各项性能的影响，本批次实验固定纤维含量为复合材料总质量的 5%。将熔融挤出得到的复合材料切粒后置于真空烘箱中 40℃干燥 48h，在注塑成型机中注塑成符合力学性能测试要求标准的试条，注塑机的温度分别设定为一段 179℃、二段 182℃、三段 182℃ 和四段 177℃，模具温度为 55℃，射出压力为 65MPa，保压压力为 55MPa。制备出的样品标记为：纯聚乳酸(PLA)，聚乳酸/未处理纤维(PLA/UF)，聚乳酸/碱处理纤维(PLA/AF)，聚乳酸/马来酸酐接枝纤维(PLA/MF)，聚乳酸/硅烷偶联剂 KH550 处理纤维(PLA/KF)。

2.2.4 结构表征和性能测试

红外光谱分析(FTIR):将处理、未处理纤维剪得粉碎,与溴化钾(KBr)一起研磨并压片,利用红外光谱仪在 4000 ~ 400cm^{-1} 范围内扫描,对纤维样品进行结构表征。

扫描电镜观察纤维表面和复合材料冲击断面形貌:用导电胶将处理、未处理纤维和高 3mm 复合材料冲击断面贴在样品台上,对样品表面喷金处理,用扫描电镜观察纤维表面、复合材料断面形貌,加速电压为 15kV。

亲水性测试:亲油/亲水测试参照 Tronc E[119] 的方法,在透明的玻璃容器中加入 5mL 自来水,放入少量剪成长约 1mm 的亚麻纤维,再向每个容器中加入 5mL 的汽车用润滑油,静置30min,观察纤维沉降或悬浮状态。

拉伸性能测试:将复合材料注塑成哑铃状试条,试条宽10mm,高 4mm,测试标距 50mm,按照 GB/T 1040—92 执行。拉伸速度设定为 5mm/min,定力衰减率为 40%,测试时温度15℃,湿度 35%RH。

弯曲性能测试:将复合材料注塑加工成长 80mm,宽 10mm,高 4mm 的标准试条,按照 GB/T 9341/2000 执行。简支梁跨距为68mm,压头下压速度 2mm/min,设定最大下压位移为 6mm,温度 16℃,湿度 37%RH。

冲击性能测试:将复合材料成型加工成长 63.5mm,宽10.0mm,高 4.0mm 的标准试条,按照 GB/T 1843—1996 执行,作无缺口冲击试验。试验时温度 16℃,湿度 30%RH。

偏光显微镜观察球晶:取不同样品,在 175~180℃ 热台上载玻片与盖玻片之间熔融 1.5min,立刻转移到 152~155℃ 的恒温炉子中培养 1~2h 之后,取出冷却至室温,制得样品后在偏光显微镜下观察。

2.3 结果与讨论

2.3.1 改性方法对亚麻纤维化学结构的影响

图 2.1 是碱处理前后亚麻纤维的 FTIR 图谱。

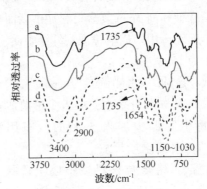

图 2.1 碱处理前后亚麻纤维 FTIR 图谱

(a)原纤维；(b)10% NaOH, 7h；(c)5% NaOH, 7h；(d)5% NaOH, 3h

从图中可以看出 $3400cm^{-1}$ 和 $2900cm^{-1}$ 峰分别对应于纤维素分子中—OH 和—CH_2—的伸缩振动，没有明显变化。未经碱处理的亚麻纤维(图 2.1a)在 $1735cm^{-1}$ 处出现特征峰，是纤维中少量半纤维素、木质素、果胶等杂质中醛羰基伸缩振动吸收峰[204]。经过 10%、5% NaOH 水溶液浸泡 7h 后(图 2.1b、2.1c)，$1735cm^{-1}$ 处的峰完全消失，表明碱处理除去了纤维中少量的半纤维素、木质素、果胶等杂质，碱处理机理如图 2.2 所示。实验结果与 Alvarez V A[115] 的结果相似，Alvarez V A 将剑麻纤维浸入 5% 的 NaOH 溶液，红外分析得出碱处理除去了剑麻纤维中的半纤维素的结论。而浓度 5% 的 NaOH 水溶液浸泡 3h 之后的亚麻纤维(图 2.1d)在 $1735cm^{-1}$ 处仍有吸收峰，但与原纤维相比，强度有所降低，表明有部分半纤维素、木质素、果胶被溶解除去，仍有部分残留。当碱液浓度过高、浸泡时间过长时，虽可

50

以彻底除去半纤维素、木质素、果胶等成分，但对 NaOH 用量较大，成本提高，浸泡时间长会降低生产效率。而且，文献报道碱液浓度过高、浸泡时间过长，纤维素会发生一定程度的解聚作用，降低纤维素微纤螺旋角[205]，增加纤维素取向度和整根植物纤维的柔性，从而植物纤维本身的力学强度降低[206]。如果碱浓度太低、浸泡时间太短，纤维中的半纤维素、木质素、果胶成分不能完全去除，增韧效果不佳。从红外表征结果看，浓度 5% 的 NaOH 水溶液浸泡 7h 是较适宜的碱处理条件。

$$Flax\text{-}OH + NaOH \longrightarrow Flax\text{-}O^{-}Na^{+} + H_2O + Surface\ impurities$$

图 2.2　碱处理亚麻纤维机理

马来酸酐（MA）接枝亚麻纤维的反应机理如图 2.3 所示，从接枝机理看，若在亚麻纤维上成功接枝了 MA，则纤维中会产生—OCO—CH＝CH—COOH 基团。

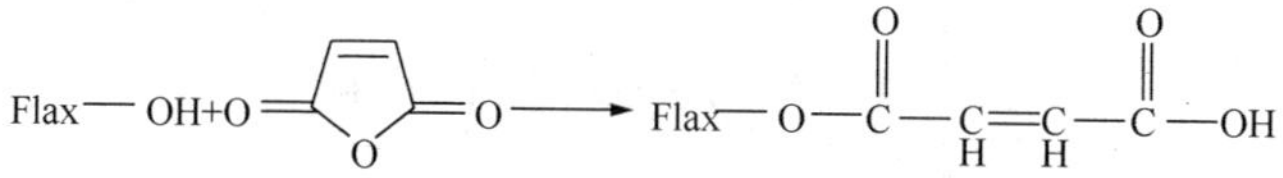

图 2.3　马来酸酐接枝亚麻纤维反应机理

图 2.4 是 MA 处理前后亚麻纤维 FTIR 图谱。图 2.4(d) 中新增加的 $1715cm^{-1}$ 为 C＝O 不对称伸缩振动峰，$1581cm^{-1}$ 为 CH＝CH 伸缩振动峰，$1170cm^{-1}$ 峰有所加强，为酯键中的 C—O 伸缩振动峰，通过这三个峰的出现和增强可以说明在亚麻纤维分子中引入了—OCO—CH＝CH—COOH 基团。$1780 \sim 1850cm^{-1}$ 之间没有吸收峰，说明没有 MA 残留[207]。$893cm^{-1}$ 峰为纤维素分子中 1，4-β-苷键[208]，没有明显变化，说明在高温酯化过程中纤维素的环结构没有破坏，酯化反应主要在 C-6 上进行[209]。结果表明，马来酸酐二甲苯溶液浓度为 20%，加入 0.6% 的 DCP，100℃ 浸泡纤维 1h 是较适宜的酯化反应条件。

图 2.5 是亚麻纤维经过碱处理后，再经过电晕处理纤维红外图，与原纤维对比，$1735cm^{-1}$ 吸收峰消失，因为碱处理过程除去

了半纤维素、木质素和果胶，2363cm^{-1}处是空气中 CO_2 吸收峰。经电晕处理，纤维结构没有发生明显变化。

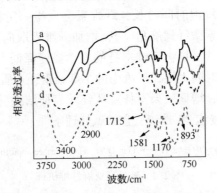

图 2.4　MA 接枝前后亚麻纤维 FTIR 图谱

(a)原纤维；(b) 10% MA，110℃，1h；(c) 20% MA，110℃，2h；
(d) 20% MA，100℃，1h，0.6% DCP

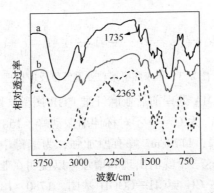

图 2.5　电晕处理前后亚麻纤维 FTIR 图谱

(a)原纤维，以(b)0.5cm/s，(c)5cm/s 速度通过狭缝

　　图 2.6 是硅烷偶联剂 KH550 处理前后亚麻纤维的红外图，与原纤维相比，1537cm^{-1}处出现了新的吸收峰，对应着 N—H 吸收峰，1187cm^{-1}处的吸收峰有所加强，特别是在(d)条件下处理的纤维效果更佳明显，对应着 Si—O—C 的不对称伸缩振动吸收峰，表明硅烷偶联剂与纤维表面的羟基发生了反应[210]。

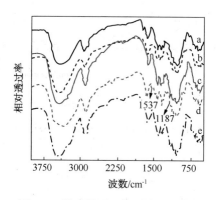

图 2.6 处理前后亚麻纤维 FTIR 图

（a）未处理；硅烷偶联剂 KH550 剂量、甲醇/水（体）和时间；（b）2%，90/10，2h；
（c）6%，80/20，1h；（d）10%，80/20，1h；（e）20%，70/30，0.5h

图 2.7 是硅烷偶联剂 KH550 处理亚麻纤维反应机理。在同一个硅烷偶联剂 KH550 分子中含有有机基团和反应基团，其结构为：$H_2N(CH)_3$—Si—$(OC_2H_5)_3$，其中的—$(OC_2H_5)_3$基团能与水反应生成硅醇，这些硅醇能和亚麻纤维表面的羟基形成氢键结构，在加热条件下，发生脱水反应生成烷氧结构，有机官能基团 $H_2N(CH)_3$—虽然不能与聚乳酸发生化学反应，但其结构与聚乳酸相似，能形成物理缠结或互穿网络，使得亚麻纤维和聚乳酸牢固的结合，从而改善亚麻纤维与聚乳酸的相容性。

综合四种处理方法，碱处理的适宜条件是浓度 5% 的 NaOH 水溶液浸泡 7h，且碱处理可作为其他化学处理的预处理过程；0.6% DCP、20%马来酸酐二甲苯溶液在 100℃ 下浸泡纤维 1h 是较适宜的马来酸酐接枝纤维的反应条件；纤维经电晕处理后在红外图中没有明显变化；硅烷偶联剂处理纤维适宜的反应条件是将纤维浸入到硅烷偶联剂含量为 10%的甲醇/水（体积比 80/20）的溶液中浸泡 1h。将大量的亚麻纤维经过上述适宜条件处理，得到的纤维标记为：碱处理纤维（AF）、MA 接枝纤维（MF）、电晕处理纤维（CF）、硅烷偶联剂 KH550 处理纤维（KF）；另外，未处理纤维标记为（UF）。

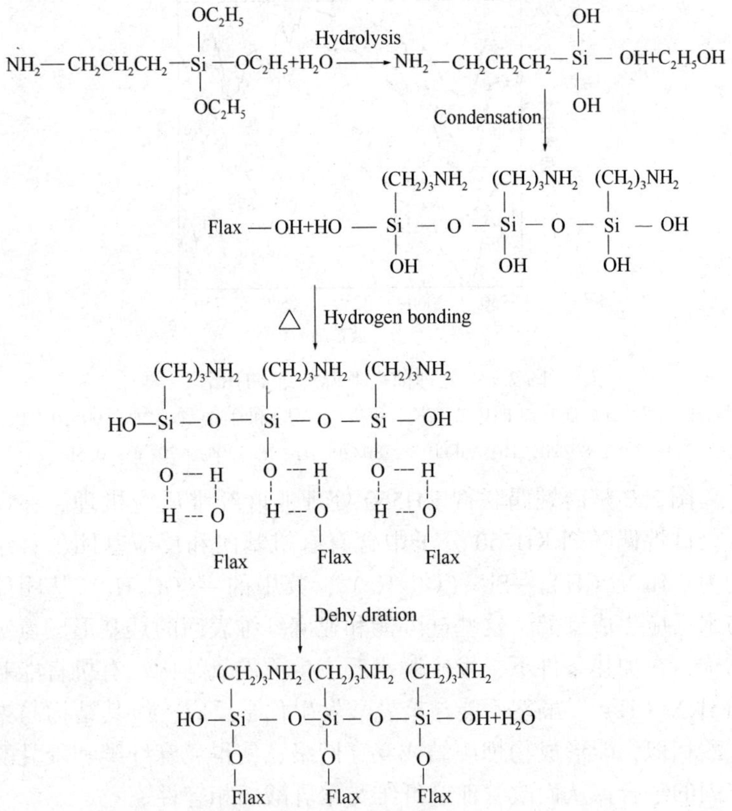

$NH_2-CH_2CH_2CH_2-Si-OC_2H_5 + H_2O \xrightarrow{Hydrolysis} NH_2-CH_2CH_2CH_2-Si-OH + C_2H_5OH$ (with OC_2H_5, OC_2H_5 on left Si and OH, OH on right Si)

$\downarrow$ Condensation

$$Flax-OH + HO-\underset{OH}{\overset{(CH_2)_3NH_2}{Si}}-O-\underset{OH}{\overset{(CH_2)_3NH_2}{Si}}-O-\underset{OH}{\overset{(CH_2)_3NH_2}{Si}}-OH$$

△ | Hydrogen bonding

$$HO-\underset{\overset{|}{O}-H}{\overset{(CH_2)_3NH_2}{Si}}-O-\underset{\overset{|}{O}-H}{\overset{(CH_2)_3NH_2}{Si}}-O-\underset{\overset{|}{O}-H}{\overset{(CH_2)_3NH_2}{Si}}-OH$$

H --- O   H --- O   H --- O
| | |
Flax   Flax   Flax

↓ Dehy dration

$$HO-\underset{\overset{|}{O}}{\overset{(CH_2)_3NH_2}{Si}}-O-\underset{\overset{|}{O}}{\overset{(CH_2)_3NH_2}{Si}}-O-\underset{\overset{|}{O}}{\overset{(CH_2)_3NH_2}{Si}}-OH + H_2O$$

Flax   Flax   Flax

图 2.7　硅烷偶联剂 KH550 处理亚麻纤维反应机理

2.3.2　改性亚麻纤维表面的物理结构

图 2.8 是处理前后纤维表面 SEM 照片，未经处理的亚麻纤维(UF)表面光滑，近似于圆柱状，有类似于竹节的结构。经过碱处理之后的纤维(AF)表面发生刻蚀而变得粗糙，径向形成许多沟壑，在图中用红框标示该区域，表面积增加，与聚合物的附着点增多，有利于增强与聚合物基体的粘附力。结合红外光谱分析结果，碱处理除去了亚麻纤维中的半纤维素、果胶、木质素等成分，纤维结构变得疏松。在与聚乳酸共混制备复合材料时，基体

54

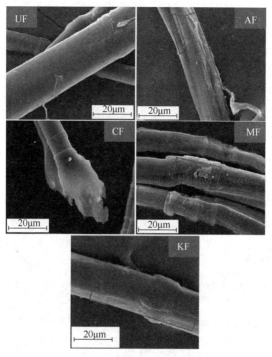

图 2.8　未处理(UF)、碱处理(AF)、电晕处理(CF)、
MA 接枝(MF)、硅烷偶联剂处理(KF)纤维表面 SEM 照片

树脂容易嵌入到植物纤维表面的凹槽中形成穿插，界面结合得更加牢固，纤维与基体材料有效接触面积增加，提高界面性能，有利于增加复合材料的力学性能。从 CF 的 SEM 照片可以看出，电晕处理对纤维表面影响不大，放电作用使得纤维爆断，断面膨松爆开了花。且从图 2.9 可以看出由于电晕处理产生的断面和纤维正常断裂产生的断面区别很明显。纤维正常断裂时，断面相对整齐、平坦；而纤维在电晕作用下爆断时，断面不整齐、蓬松。从 MF 的 SEM 照片可以看出，在纤维表面有涂层(sizings)，图中用红框标示区域，附着点为类似竹节结构或是经碱处理后的粗糙的沟壑表面，红外图谱已经表明马来酸酐接枝纤维中已没有马来酸酐残留，该涂层为马来酸酐与纤维发生接枝反应的产物。从 KF

的 SEM 照片可以明显观察到，纤维表面被一层薄薄的物质所覆盖，在图中用红框标示。结合红外结果，该层覆盖物为硅烷偶联剂与纤维发生偶联反应的产物。为了进一步证实该结论，选取纤维表面覆盖物非常明显的一块区域经过 EDS 能谱扫描进行元素分析，对如图 2.10 所示黄色方框内区域进行元素含量测定，所测出的元素种类和含量如表 2.3 所示。在扫描区域内有 Si 元素的吸收峰，Si 原子含量为 0.66%，表明硅烷偶联剂已经与纤维表面发生偶联反应。Dey M 等[211]采用硅烷偶联剂处理玻璃纤维，使得玻纤表面包覆涂层（sizings）以提高与环氧树脂的界面相容性。

图 2.9　纤维断面 SEM 图

（a）正常断面，（b）（c）（d）电晕断面

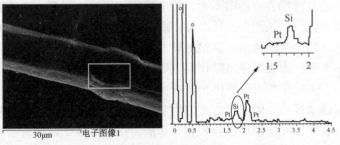

图 2.10　硅烷偶联剂处理纤维表面 EDS 能谱图

表 2.3 硅烷偶联剂处理纤维表面 EDS 能谱图中元素成分及含量

元素	质量/%	原子/%
C K	53.3	63.7
O K	40.2	35.6
Si K	0.7	0.3
Pt M	5.8	0.4
总量	100.0	

2.3.3 改性亚麻纤维的润湿性

纤维改性前后的亲水性测试结果如图 2.11 所示,原纤维、碱处理纤维和电晕处理纤维均沉在下层水相中,表现出显著的亲水性。马来酸酐接枝纤维和硅烷偶联剂处理纤维悬浮于上层油相中,表明这两种纤维具有亲油性。碱处理是纤维原纤化、去除杂质、纤维表面被刻蚀的过程,在这个过程中并未改变亚麻纤维表面极性,在亲油/亲水性测试中仍表现为亲水性。从某种意义上讲,碱处理增加了纤维的表面粗糙度,使得原本亲水的纤维表面更容易在水中浸润,从改善亲憎水性的角度讲,碱处理不但不能提高纤维的表面憎水性,反而产生负面影响。马来酸酐接枝纤维和硅烷偶联剂处理纤维的反应机理如图 2.3 和图 2.7 所示。马来酸酐接枝纤维后,纤维表面强极性的羟基被弱极性的酯基所代替的同时,一部分氢键也被破坏,使纤维表面由强极性变为弱极性。因此,在亲水/亲油测试中,马来酸酐接枝纤维表现出较好的亲油性。硅烷偶联剂 KH550 与亚麻纤维偶联之后,原先裸露在纤维表面的羟基参与了偶联反应,纤维的外表面被 $NH_2(CH_2)_3$—基团覆盖,使得亚麻纤维表面由强极性转变为弱极性。因此,在亲油/亲水试验中,硅烷偶联剂处理纤维直观地表现出疏水亲油性。亚麻纤维表面从强极性到弱极性的转变,可以提高基体材料对纤维表面的浸润能力,改善聚合物基体与植物纤维之间的界面相容性。

图 2.11　定性测试纤维改性前后亲水性

由以上实验结果及分析可以看出，采用碱处理方法改善纤维与树脂相容性并不是通过改变纤维表面极性的方式，主要是通过改变纤维表面粗糙程度，增加表面积，为树脂提供更多的附着点，使纤维与树脂交错穿插增强粘结性的途径实现的。马来酸酐接枝和硅烷偶联剂处理纤维的原理是通过改变纤维表面的极性（纤维表面从强极性变为弱极性），降低表面能，与树脂极性相似，达到较好的增容效果。

2.3.4　PLA/Flax 复合材料的力学性能

采用不同方法处理纤维表面之后，分别与聚乳酸熔融挤出-注射成型得到复合材料力学性能测试标准样条。这几种复合材料经拉伸、弯曲测试后，试验结果如图 2.12 所示。从图中可以看出，未经处理的纤维直接与聚乳酸共混得到的复合材料拉伸、弯曲强度与纯聚乳酸相比稍低一点，与冯彦洪[130]的研究相比，强度降低的程度不是很大。纤维经过不同方法改性之后，拉伸、弯曲强度的提高仍然不显著，可能有以下两个方面的原因：

① 所用的纤维为亚麻纤维，属于韧皮纤维种类，其韧性较好，但强度不是很高，当其作为填料加入到聚乳酸基体中时，对复合材料整体的拉伸、弯曲强度的影响不大；

② 5mm 长的纤维经过挤出、切粒、注塑过程，大多以短纤维形式存在，短纤维对复合材料增强效果不显著。

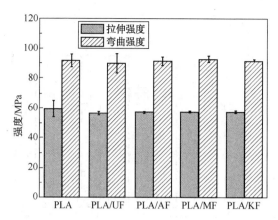

图 2.12 纤维处理方法对复合材料拉伸、弯曲强度的影响

改性和未改性的纤维与聚乳酸共混得到复合材料，测试其拉伸和弯曲模量结果如图 2.13 所示。不管纤维改性还是未改性，用什么方法改性，把纤维加入到聚乳酸中以后，得到的复合材料杨氏模量都有所提高，改性方法不同，提高的幅度有所区别。PLA/UF 的拉伸模量与纯聚乳酸相比，提高幅度较大。未改性纤维中含有木质素和半纤维素，它们的模量相对于纤维素较高。未改性亚麻纤维中含有木质素和半纤维素成分，它与聚乳酸复合得到的复合材料相应的模量也较高。而碱处理纤维的过程就是去除木质素、半纤维素和果胶的过程（从图 2.8 中可以看到碱处理以后的刻蚀效果）。碱处理之后亚麻纤维因高模量成分的剔除自身的模量降低，这个因素会导致复合材料整体的模量降低；而碱处理会增加纤维与聚乳酸的相容性，这个因素会导致复合材料整体的模量增加[212]。正负两个因素共同作用后，复合材料的拉伸模量远高于聚乳酸，而拉伸模量只是略高于聚乳酸。

Nielsen L E 等[213]认为短纤维增强复合材料的模量遵循混合物改性规则，即当一种高模量纤维加入到低模量聚合物基质中，所得复合材料的模量相对于低模量基质有所增加，但会低于纤维模量，具体模量主要依赖于高模量纤维的添加量。

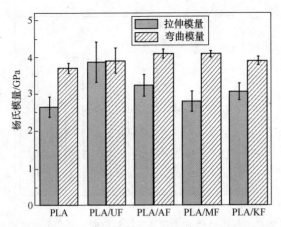

图 2.13　纤维处理方法对复合材料拉伸、弯曲模量的影响

在其他植物纤维增强高聚物的研究中，也得出了相似的结论，如亚麻纤维加入聚己内酯（PCL）、聚羟基丁酯−羟基戊酸酯（PHB）[214]、聚丁二酸丁二醇（PBS）[215]、聚乙烯醇（PVA）等基质中，所得复合材料的模量均高于纯高聚物。一部分研究者认为，植物纤维引入高聚物后，使得结晶度有所增加，进一步导致复合材料模量提高，因为晶区中分子链有序、平行排列，在相邻链段之间存在大量的次价键，这些高聚物分子内次价键与模量的提高紧密相关[216]。另外，还有大量研究表明，植物纤维与高聚物基质之间的相容性在很大程度上影响复合材料最终的模量[217,218]。若二元混合体系相容性良好，在受力过程中具有高模量的植物纤维能够将增强效果通过纤维−基质界面传递给高聚物[219]。综合以上三因素，亚麻纤维加入均会使复合材料的模量提高。

PLA/Flax 复合材料的拉伸、弯曲性能参数如表 2.4 所示，纤维加入聚乳酸以后，拉伸、弯曲强度几乎没有变化，拉伸、弯曲模量大大提高。PLA/UF 的拉伸模量在所有复合材料中最高，与纯聚乳酸相比，提高了 45%，PLA/AF 和 PLA/MF 的弯曲模量在所有复合材料中最高，与纯聚乳酸相比，提高了 12%。总体而言，拉伸模量的提高幅度高于弯曲模量的提高幅度。

表 2.4　复合材料拉伸、弯曲性能汇总表

编号	拉伸强度/MPa	弯曲强度/MPa	拉伸模量/GPa	拉伸模量增长率/%	弯曲模量/GPa	弯曲模量增长率/%
PLA	59.5	91.9	2.7		3.7	
PLA/UF	56.6	90.2	3.9	45	3.9	5
PLA/AF	58.0	91.7	3.2	21	4.1	12
PLA/MF	57.4	92.8	2.8	5	4.1	12
PLA/KF	57.8	91.9	3.1	15	3.9	5

纤维处理方法对 PLA/Flax 复合材料断裂伸长率和冲击强度的影响如图 2.14 所示，复合材料的断裂伸长率远远比纯聚乳酸高。PLA/KF 的断裂伸长率值最大，延展性最佳。PLA/UF 的断裂伸长率在所有复合材料中最小，可能是因为亚麻纤维与聚乳酸的相容性较差，当复合材料受到大的拉伸作用力时，纤维不能很好地传递应力，整根从基质中沿着外力方向滑移、滑脱、拔出，这个过程也可以为复合材料提供大形变。因此，PLA/UF 的断裂伸长率比纯聚乳酸高。而纤维经过表面改性以后与聚乳酸相容性很好，受到外力作用时，纤维能把应力传递、分散，受到更大的外力作用时，纤维束内部被撕裂了都不能把纤维从基质中拔出；同时，聚乳酸内部冻结的链段重排、取向，分子链从较卷曲的状态拉直。纤维束撕裂和冻结聚乳酸链段重排都为复合材料提供大形变。因此，纤维与聚乳酸相容性越好，复合材料的断裂伸长率值越大。由此可以看出，硅烷偶联剂 KH550 处理纤维得到的复合材料延展性得到很大提高。Lu T 等的研究[220]表明在左旋聚乳酸(PLLA)基质中加入 2%(质)的经 KH560 处理的竹纤维后，复合材料的断裂伸长率提高了 116%。

当然，一些因素也会对复合材料的断裂伸长率造成负面影响，如 Yu T 等[221]表明当苎麻和黄麻纤维添加量超过 30% 时，聚乳酸/苎麻和聚乳酸/黄麻复合材料的断裂伸长率降低，是因为大量的纤维在基质中分散不均。

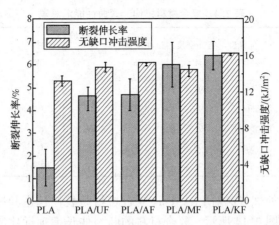

图 2.14　纤维处理方法对复合材料断裂伸长率、冲击强度的影响

另外，从图 2.14 可以看出，复合材料的无缺口冲击强度与纯聚乳酸相比有所提高。纤维的加入提高聚乳酸的冲击强度，可能有以下两个方面的原因：首先，复合材料在受到冲击作用时，纤维起到类似加强筋的作用，吸收能量；其次，纤维的加入，改变了聚乳酸的结晶行为，包括球晶尺寸、球晶分布等。为了研究增韧机理，需对复合材料的冲击断面进行观察，并结合复合材料的结晶行为做深入探讨(第四章)。另外，Lu T 等[222]认为 PLLA/微晶纤维素、PLLA/细菌纤维素、PLLA/竹纤维复合材料的冲击强度远远高于纯 PLLA 是因为纤维疏松的结构能够吸收更多的冲击能量。相反，一些研究结果显示，纤维加入聚乳酸基质造成复合材料冲击强度降低。Rytlewski P 等[223]认为大麻纤维加入降低了聚乳酸基复合材料的冲击强度，加入氧化二异丙苯(DCP)导致聚乳酸在纤维-基质界面处的结晶度增加，造成冲击强度进一步降低。相似地，Eng C C 等[181]报道了棕榈果皮纤维加入聚合物基质后导致冲击强度降低，因为纤维阻碍了高聚物的大变形和分子链的活动性。

PLA/Flax 复合材料的冲击强度、断裂伸长率及它们的增长率如表 2.5 所示。纤维加入以后，冲击强度和断裂伸长率都有所提高，其中 PLA/KF 的冲击强度最高，与聚乳酸相比提高了21%，断裂伸长率值也最大，与纯聚乳酸相比，提高了327%，增韧效果显著。在第四章的实验中，将采用硅烷偶联剂处理作为纤维表面改性方法以改善聚乳酸与纤维的相容性。

表 2.5　复合材料韧性和延展性参数汇总表

编号	冲击强度/ （kJ/m²）	冲击强度 提高率/%	断裂伸长率/%	断裂伸长率 提高率/%
PLA	13.3		1.5	
PLA/UF	14.8	11	4.5	250
PLA/AF	15.1	14	4.7	213
PLA/MF	14.4	8	6.0	300
PLA/KF	16.1	21	6.4	327

2.3.5　PLA/Flax 复合材料的冲击断面形貌

图 2.15 是 PLA/Flax 复合材料冲击断面扫面电镜照片，图 2.15（a）是纯聚乳酸的冲击断面，断面整齐、光滑，没有韧窝，属典型的脆性断裂。图 2.15（b）是 PLA/UF 冲击断面，由于纤维未改性，与聚乳酸相容性较差，从图中标示的区域可以看出，纤维与聚乳酸界面处存在裂纹、缝隙，与 Lee S H[224] 研究结果极为相似。当 PLA/UF 受到冲击力作用时，由于纤维与基质之间的粘附作用较弱，纤维轻易即可从基质中拔出；在断面上还可以看到裸露的纤维，其表面很光滑，没有聚乳酸基质粘附其上，进一步证实未改性纤维与聚乳酸基质之间的相容性差。尽管如此，仍能清楚观察到断面并非像纯聚乳酸那样光滑平整。图 2.15（c）、（d）、（e）为改性纤维与聚乳酸制备的复合材料，可以明显观察到纤维与基体之间没有明显、清晰的界线，纤维浸润、嵌入、穿插到基体之中，断面上的纤维表面粘附了聚乳酸基质，与 Huda M S[225] 的研究结果极为相近，纤维与聚乳酸之间粘附强度较高。在受到冲击作用力时，纤维撕裂了也不能从基质中整根拔出，表明基质与纤维之间的粘结强度已经超过了单根纤维中微纤维束之

间的强度。在纤维拔断、撕裂的过程中，吸收了大量的能量，使得复合材料的冲击强度提高。

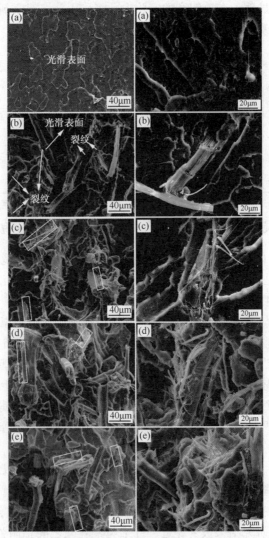

图 2.15　复合材料冲击断面 SEM 照片
（a）PLA；（b）PLA/UF；（c）PLA/AF；（d）PLA/MA；（e）PLA/KF

2.3.6 PLA/Flax 复合材料的结晶形貌

图 2.16 为 PLA/Flax 复合材料在偏光显微镜下观察得到的球晶形貌，从图 2.16(a)中可以看出纯聚乳酸球晶大小不均一，大球晶直径最多能达到 300μm，小球晶尺寸只有几十微米，大球晶堆积在一起，并非均匀分散在小球晶群中。这是因为纯聚乳酸结晶的成核过程属于均相成核，熔体中的聚乳酸链段靠热运动形成有序排列的链束作为球晶生长的晶核，晶核出现的数目、位置和时间都有很大的偶然性[226]。晶核位置的偶然性造成球晶分布的不均一性；晶核形成时间的早晚影响球晶尺寸的大小，最先形成晶核的球晶，其周围有充足的可运动聚乳酸链段排入晶格，且在适宜球晶生长的温度下培养足够的时间，这样的球晶尺寸较大，相反，晶核形成晚的球晶尺寸较小[227]。球晶尺寸大，球晶内部缺陷较多，且存在缺陷的大球晶分布相对集中，这些缺陷累计叠加以后，受力过程中极易形成应力集中，使材料还没来得及产生强迫高弹形变就发生了脆性断裂。球晶尺寸越大，冲击强度越低[228]。这样的结晶行为会导致材料的冲击强度和断裂伸长率降低，使聚乳酸表现出脆性。Ohlberg S M[229]认为线性高密度聚乙烯的球晶尺寸越大，冲击强度越低。

图 2.16(b)、(c)、(d)、(e)为 PLA/Flax 复合材料结晶形貌图，与纯聚乳酸相比，球晶尺寸明显减小，且分布更为均匀。这是因为亚麻纤维为外来杂质加入到聚乳酸中，成为成核中心，吸附熔体中的聚乳酸链段作有序排列而形成结晶。由于亚麻纤维在聚乳酸中均匀分散，没有团聚现象，所以成核中心相对分散，球晶分布均匀。此外，异相成核对时间没有依赖性，异相成核的球晶生长时间相近，晶核周围的聚乳酸链均等排入各球晶，使得球晶尺寸较为均一。Masirek R[203]认为，聚合物基质附着在纤维表面生成结晶可以提高聚合物与纤维之间的相容性。

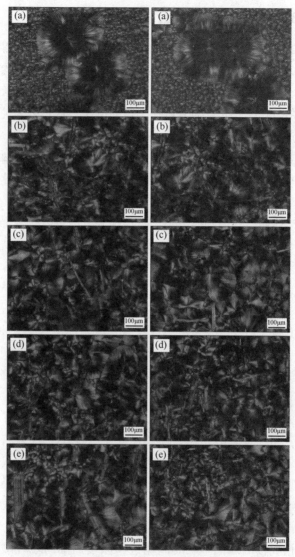

图 2.16 复合材料偏光显微镜照片
(a)纯 PLA；(b)PLA/UF；(c)PLA/AF；(d)PLA/MF；(e)PLA/KF

2.3.7 不同表面改性方法的增容机理

通过以上的分析和论述可以推断，经过碱处理、马来酸酐接枝和硅烷偶联剂处理纤维以后，确实提高了亚麻纤维与聚乳酸基质之间的相容性，增容效果有所差异，增容机理也有所不同。结合材料受冲击力到断裂的过程，推出不同处理方法的增容机理，如图2.17所示。

图2.17(a)为纯聚乳酸样品冲击断裂示意图，当样品受到冲击作用力时，瞬间产生裂纹，没有任何阻挡，裂纹迅速、顺利地发展扩张，直至整个样品断裂。在受冲击力断裂时，PLA/Flax复合材料与纯聚乳酸有所不同，亚麻纤维轴向上强度韧性较高，能在较大程度上提高材料的韧性。然而，韧性的表达需要以良好的纤维-基质相容性为基础，深入探讨增容机理对纤维填充复合材料的研究有理论和现实意义。

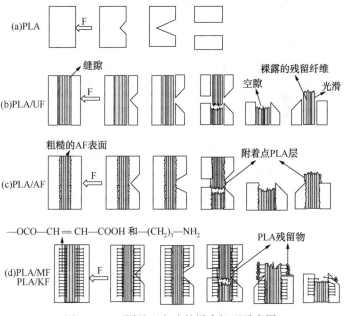

图2.17 不同处理方法的增容机理示意图

由于纤维素富含羟基具有亲水性，与憎水的聚乳酸化学异质，极性不相近，加之未改性纤维表面较为光滑（如图 2.8 所示），混合时在界面处出现空隙，如图 2.17（b）所示。PLA/UF 受到冲击作用力瞬间，在靠近冲击摆锤一侧产生裂纹，裂纹向前发展遇上横在前面的纤维，在一定程度上阻挡了裂纹的扩张。在巨大冲击力作用下，纤维从基质中滑脱、断裂，在一个断面上留下孔洞，另一个断面上留下对应的纤维茬。由于纤维与基质之间没有较强的相互作用，在滑脱的纤维茬表面没有聚乳酸层附着；同样，断面上纤维滑脱留下的孔洞也是光滑的，如图 2.15（b）所示。

纤维经过表面改性以后，改善了相容性，不同的改性方法，机理有所不同。由图 2.8 可知，纤维经过碱处理以后，表面被刻蚀而变粗糙，半纤维素、木质素、果胶等溶出以后，留下沟壑。这些粗糙的表面和沟壑为聚乳酸提供了更多的附着点和粘结点，在加工过程中螺杆剪切和成型压力使得原本化学异质的两者在粘结点处发生物理咬合和机械锚定，聚乳酸熔体进入或进一步靠近纤维的沟壑和沟槽中，两者相扣在一起。冲击作用力下，纤维不能从基质中滑脱，只能拔出；拔出纤维必须克服纤维与基质之间较大的摩擦力，纤维表面扣紧的聚乳酸层就会从基质中刮出。因此，拔断的纤维茬上有聚乳酸，断面上的孔洞也不光滑，示意图如 2.17（c）所示。

马来酸酐接枝、硅烷偶联剂处理与碱处理的增容机理有所不同，通过红外分析和普遍认可化学反应过程可知，MF 和 KF 是在纤维表面生成了—OCO—CH＝CH—COOH 和—（CH_2）$_3$—NH_2 基团。并且，通过油水测试可知，经过马来酸酐接枝和硅烷偶联剂处理以后，纤维明显由亲水性变成了憎水性。当 MF 和 KF 与聚乳酸混合时，这些疏水基团深入到聚乳酸基质之中，像爪子一样紧紧抓住聚乳酸，形成互锁，而爪子的另一端通过化学键与纤维相连，如图 2.17（d）所示。这样，这些基团起到架桥作用，使得本不相容的聚乳酸与纤维产生紧密的相互作用，粘结强度急剧提高。当 PLA/MF 和 PLA/KF 受到冲击作用力时，拔断纤维之前，必须拔出连接着纤维而又陷入到聚乳酸基质中的—OCO—CH $=$ CH—COOH 和—$(CH_2)_3$—NH_2 基团，最终断面的纤维茬上粘附有聚乳酸，纤维拔出后留下的孔洞也不光滑。此外，在 PLA/MF 和 PLA/KF 的断面上出现很多纤维被撕裂的现象，表明经过表面改性的纤维与聚乳酸之间的相互作用已超过纤维束之间的相互作用，受力时，纤维撕裂了也没能从基质中整个拔出。

2.4 本章小结

本章采用碱处理、电晕处理、马来酸酐接枝和硅烷偶联剂处理对纤维表面进行改性，对比研究了改性前后纤维的化学结构、表面形貌、亲水性。创新性地采用溶液共混–熔融挤出–注塑成型的方法制备了 PLA/Flax 复合材料，对比研究了复合材料性能，提出增容机理，具体结论如下：

（1）碱处理除去了亚麻纤维中的木质素、半纤维素、果胶等杂质，使纤维表面变粗糙。电晕处理并没有改变其化学结构，而使纤维部分爆断。马来酸酐接枝和硅烷偶联剂处理分别在纤维表面形成—OCO—CH $=$ CH—COOH 和 $H_2N(CH)_3$—基团，这些基团将纤维表面从强极性变成弱极性，易于与聚乳酸相容。

（2）纤维的加入和表面改性对 PLA/Flax 复合材料的拉伸、弯曲强度影响不大；纤维加入提高了复合材料的杨氏模量，其中 PLA/UF 的拉伸模量最高，比纯聚乳酸高 45%；复合材料的断裂伸长率和冲击强度均比纯聚乳酸高，其中 PLA/KF 最高分别提高了 327% 和 21%，聚乳酸的延展性和韧性均得以提高。

（3）纯聚乳酸冲击断面光滑、平整，复合材料断面粗糙；PLA/UF 断面上裸露的纤维茬表面光洁，纤维与基质之间有缝隙；PLA/AF、PLA/MF、PLA/KF 断面上裸露纤维表面有聚乳酸基质附着，纤维与基质之间粘结紧密没有缝隙，部分纤维撕裂了也不能从基质中拔出。

（4）纤维在基质中作为结晶成核剂，引发异相成核生成结晶，提高了纤维基质相容性。

（5）综合分析得出增容机理：原纤维表面光滑且与聚乳酸极性不相似，PLA/UF 相容性差，界面存在缝隙，受冲击作用力时纤维从基质中滑脱。碱处理纤维粗糙的表面为基质提供了更多的机械啮合点，两相间发生物理咬合和机械锚定，在冲击作用力下，纤维不会滑脱。马来酸酐接枝纤维和硅烷处理纤维的表面分别生成了—OCO—CH =CH—COOH 和—$(CH_2)_3$—NH_2 基团，这些基团深入到基质之中，起到偶联、架桥作用，纤维-基质粘结强度高于纤维束内部微纤之间的相互作用。

第3章 纤维改性方法对 PLA/Flax 复合材料结构与性能的影响

3.1 引言

在第 2 章中介绍了亚麻纤维的表面改性方法，并对比了改性前后纤维的物理结构、化学结构和复合材料断面形貌。材料的结构与性能密切联系，研究材料的结构是为了更好地分析其性能，得到所需的高性能材料。本章分析了 PLA/Flax 复合材料的结晶结构，综合考察了材料的热稳定性、线膨胀行为、动态力学性能及吸水性能。

3.2 实验部分

3.2.1 主要原料与仪器

3.2.1.1 主要原料

同 2.2.1.1。

3.2.1.2 主要仪器

热分析仪：Diamond 型，Perkin Elmer 公司。

热重分析仪：NETZSCH TG 209 型，德国 NETZSCH 公司。

热膨胀系数测定仪：ZRPY - 300，湘潭市仪器仪表有限公司。

热机分析仪：XWJ-500，承德衡通试验检测仪器有限公司。

动态热机械分析仪：NETZSCH DMA 242，德国 NETZSCH 公司。

X-射线衍射仪，X′PertPRO型，荷兰帕纳科（PANalytical）。其他仪器同2.2.1.2节。

3.2.2 复合材料的制备与成型加工

复合材料的制备方法见2.2.3。

3.2.3 复合材料的表征

差示扫面量热法（DSC）：分别取5mg左右不同样品，用Diamond型热分析仪在氮气氛围下进行热分析，从50℃升温至300℃，升温速率是10℃/min，得到其DSC曲线。

热失重（TG）：分别取7mg左右不同样品，用NETZSCH TG 209型热重分析仪在氮气氛围下进行热重分析，从20~600℃以10℃/min的升温速率升温，氮气流量为20mL/min，得到TG和DTG曲线。

线膨胀系数的测定：截取长度19~20mm的注塑成型试条（宽10mm，高4mm），横截面在80#砂纸上粗磨，保证顶面和底面严格平行并达到一定的光洁度，再在600#砂纸上细磨精磨，得到表面光滑的长方体试样。用游标卡尺（精度0.02mm）测量试样的长度，直立着放入PRY-300型膨胀仪中，为保证测量的精确性，调整位移传感器初始位移在1000~1200μm。测试温度范围65~130℃，升温速率2℃/min。

广角X射线衍射分析（WAXD）：将复合材料样品在190℃电炉上聚酰亚胺膜之间熔融热压2min后，关闭电炉电源（未取下保温盖），缓慢降温直至室温，取出样品。样品采用荷兰帕纳科X′Pert PRO型X射线衍射仪对样品记谱扫描，Cu靶，波长为0.152nm，衍射角2θ为5°~80°。

动态力学性能测试：将注塑成型的样条截取为60mm×10mm×4mm的长方体，放入动态热机械分析仪中进行测试。测试条件为：三点弯曲模式，频率选取2Hz、5Hz、10Hz、20Hz，压力为

0.8N，测试温度范围-115~130℃，升温速率2℃/min。

吸水性试验：吸水性试验参照GB/T 1034—1998"塑料吸水性试验方法"，将样条在(50±2)℃下干燥直至恒重，冷却至室温，称其质量($W_干$)，精确至0.1mg；再将样条完全浸泡在(28±1)℃的蒸馏水中，24h后取出，用吸水纸吸去样条表面的水分后迅速称量其浸水质量($W_湿$)，精确至0.1mg。每组试样重复五次。通过吸水前后质量的变化百分比的高低来定量衡量吸水性的好坏。吸水率通过公式(3.1)计算：

$$吸水率 = \frac{W_湿 - W_干}{W_干} \times 100\% \qquad (3.1)$$

实验时，将样品制成长为30mm，宽为10mm，厚为4mm的样条，按照上面所述实验方法进行试验。

3.3 结果与讨论

3.3.1 晶型和熔融行为

3.3.1.1 晶型

经历熔融-冷却过程PLA/Flax复合材料的广角X射线衍射(WAXD)谱图如图3.1所示。材料的衍射峰尖锐，基线缓平，是典型的高聚物晶态试样[231]。在衍射角2θ为12.4°、14.8°、16.7°、19°、22.4°、23.9°、25.3°、27.3°和29.1°处出现明显的衍射峰，分别对应聚乳酸的(004)/(103)、(010)、(110)/(200)、(203)、(015)、(204)、(206)、(027)和(018)晶面[232]。且对比聚乳酸和PLA/Flax复合材料，衍射峰强度和2θ非常接近，表明纤维加入并未改变聚乳酸的晶型。从图谱分析，聚乳酸和PLA/Flax复合材料中形成的晶型为α晶型，属于正交晶系[233]。聚乳酸和PLA/Flax复合材料在2θ=12.4°处出现较弱的衍射峰，表明有小部分α'晶型存在[235]。

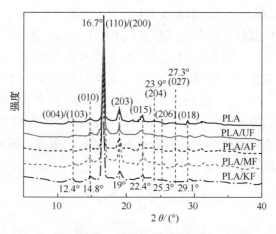

图 3.1 经历熔融−冷却过程复合材料的 WAXD 图

3.3.1.2 结晶、熔融行为

图 3.2 为 PLA/Flax 复合材料的升温 DSC 曲线，从图中可以看出，材料在 65℃附近有一个较小的吸热峰，峰值温度为聚乳酸的玻璃化转变温度（T_g），很多研究中描述并解释了 T_g 吸热峰[236,237]，这和聚乳酸的物理老化有关[238]。

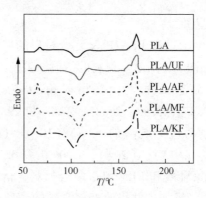

图 3.2 复合材料的一次升温 DSC 曲线

在 90～120℃附近有一个冷结晶放热峰，聚乳酸为半结晶性聚合物，降温过程中结晶较慢、结晶度较低，在升温过程中常常发生冷结晶。材料熔融之后注塑到 55℃ 的模具中快速冷却，这样的快速降温条件，使得高分子链段来不及作充分的调整就被冻结了，导致结晶过程停留在较低的程度。随着温度的缓慢升高，这些冻结的无规链段重新排列到聚乳酸的晶格中，结晶度增加。结晶过程是分子链混乱程度降低的放热过程，因此，在 DSC 曲线上出现了冷结晶放热峰。大量文献报道了聚乳酸材料的结晶行为，无论是纯聚乳酸[239]、聚乳酸/高聚物共混材料[240]、聚乳酸/植物纤维复合材料[244]、三元复合材料[247]、聚乳酸/无机粒子复合材料[250,251]，还是在聚乳酸中添加扩链剂[252]、增塑剂[253]、成核剂[254,255]，均证明了 DSC 升温曲线上 80～135℃ 的放热峰为聚乳酸的冷结晶峰。随着温度继续升高到 155～175℃，聚乳酸结晶开始熔融，在 DSC 曲线上出现吸热熔融峰。与纯聚乳酸相比，PLA/UF 和 PLA/AF 复合材料在熔融峰低温一边(熔融峰左边)出现了肩峰，可能是结晶过程中生成了少量结构不完善的次级晶片，在相对较低的温度下熔融。根据 WAXD 中所得结论，聚乳酸和 PLA/Flax 复合材料中存在一部分的 α′ 晶型，而 α′ 比 α 晶型更加无序、疏松，在较低的温度下就能熔融[256]；因此低温肩峰也可能是 α′ 晶型所致。

表 3.1 为复合材料的热焓参数，复合材料的 T_g 略低于纯聚乳酸；纯聚乳酸与 PLA/Flax 复合材料的起始熔融温度(T_{mi})、熔融温度(T_m)、熔融终止温度(T_{mf})几乎没有变化。值得注意的是，PLA/KF 复合材料的冷结晶温度(T_{cc})与其他样品相比降低了约 4～6℃，表明纤维-基质相容性较好时，冷结晶可以在更低的温度下发生。

表 3.1　复合材料的一次升温热参数

复合材料	T_g/℃	T_{cc}/℃	T_{mi}/℃	T_m/℃	T_{mf}/℃	ΔH_m/(J/g)	X/%
PLA	65.9	106.5	163.0	168.8	171.6	17.1	18
PLA/UF	65.5	109.0	163.0	169.0	171.6	25.5	27

复合材料	$T_g/$ ℃	$T_{cc}/$ ℃	$T_{mi}/$ ℃	$T_m/$ ℃	$T_{mf}/$ ℃	$\Delta H_m/$ (J/g)	$X/$ %
PLA/AF	64.6	106.8	162.4	168.6	171.3	27.4	29
PLA/MF	63.4	107.8	163.2	170.5	173.7	25.1	27
PLA/KF	61.4	103.1	161.9	168.8	171.9	23.8	25

　　纯聚乳酸与 PLA/Flax 复合材料在熔融吸热过程中的焓变差异较大(论文中所有关于焓变 ΔH_m 的计算为扣除纤维含量以后的值)。按 $X = \Delta H_m/\Delta H_\infty$ 计算样品的总结晶度(X),$\Delta H_\infty = 94J/g$ 表示聚乳酸完全结晶放出的能量,ΔH_m 表示结晶熔融吸收的能量,而这部分结晶既包括样品制备过程中形成的结晶,也包括升温过程形成的冷结晶。计算结果也列在表 3.1 中,纯聚乳酸的 X 为 18%,PLA/Flax 复合材料的 X 约为纯聚乳酸的 1.5 倍,表明纤维加入提高了材料的结晶度。大量研究报道表明,纤维、颗粒等填料加入高聚物基质,容易引发高聚物结晶,提高结晶度[257,258]。

　　为了研究样品在升温过程中的冷结晶速率,对 PLA/Flax 复合材料一次升温 DSC 曲线上的冷结晶行为作进一步分析。如图 3.3 所示做图,计算出结晶峰的半高宽(D),并得出如表 3.2 所示的参数。结晶峰的半高宽是指结晶峰极大值的一半时结晶峰的宽度,其值越小表明结晶速率越快[259,260]。

　　从图 3.3 和表 3.2 中均能看出,与纯聚乳酸相比,PLA/Flax 复合材料结晶峰高提高了 50%~90%,结晶峰的半高宽最多减小了 27%,表明纤维的加入提高了聚乳酸的冷结晶速率,且相容性越好,结晶峰的半高宽越窄。通过比较结晶峰半高宽数值的大和小得出结晶速率的慢和快,在其他聚合物的结晶速率研究中也被广泛采用。汪克风[261]在聚丙烯(PP)中加入有机磷酸盐类和山梨醇类成核剂,提高结晶度和结晶速率以提高其力学性能和成型周期,结果表明在相同冷却速率时,加成核样品结晶峰半高宽较纯 PP 的小,说明加成核样品的结晶速率比纯 PP 的快。

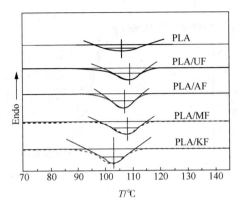

图 3.3　复合材料在一次升温过程中冷结晶峰半高宽(D)

表 3.2　复合材料在一次升温过程中冷结晶参数

复合材料	$T_{ci}/$ ℃	$T_{cf}/$ ℃	PH/ mW	PH 增 长率/%	$D/$ ℃	D 减小率/%
PLA	96.2	115.5	1.0		12.1	
PLA/UF	98.6	115.8	1.5	50	10.0	17
PLA/AF	98.1	113.6	1.9	90	8.8	27
PLA/MF	98.3	115.2	1.6	60	8.9	26
PLA/KF	92.5	110.6	1.8	80	8.8	27

注：峰高 PH，峰半高宽 D。

3.3.2　热稳定性能

图 3.4 和图 3.5 分别为 PLA/Flax 复合材料 TG、DTG 曲线，从图中可以看出亚麻纤维加入后，材料的热稳定性能略有降低，这是因为亚麻纤维的热稳定性较差，加入到聚乳酸中以后使得复合材料整体热稳定性有所降低[262]。但纤维含量较低，仅为 5%，因此纤维加入导致的热稳定性降低不显著。相比之下，纤维的改性方法对复合材料的热稳定性能几乎没有影响。

Intan S M A 等[263]通过 TG 研究了聚乳酸/洋麻纤维复合材料的热稳定性，结果表明复合材料的最快分解温度低于纯聚乳酸。

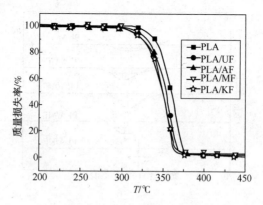

图 3.4 复合材料 TG 曲线

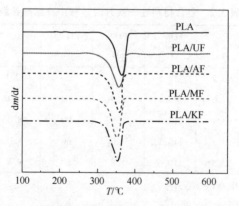

图 3.5 复合材料的 DTG 曲线

相似地，Goriparthi B K 等[264]研究结果显示，与纯聚乳酸相比，聚乳酸/黄麻纤维复合材料的热稳定性降低，因为纤维结构疏松、富含空隙，利于热传递和热交换。

PLA/Flax 复合材料的热降解温度参数如表 3.3 所示，T_{di} 和 T_{df} 分别为起始分解温度和分解结束温度，通过对 TG 曲线做切线，两条切线相交的交点对应的温度即为 T_{di} 和 T_{df}，T_d 为 DTG 曲线峰值对应的温度。从表中可以看出，PLA/Flax 复合材料的 T_{di}、T_{df} 和 T_d 均低于纯聚乳酸，与聚乳酸相比，PLA/MF 和 PLA/

KF 的热稳定性最差，分解温度降低了 10℃ 左右。

影响高聚物/植物纤维复合材料的分解温度的因素很多，如植物纤维种类、纤维表面性质、纤维-基质界面和植物纤维成分等。木质素分解温度较高，约为 280~500℃[265]，因此若在高聚物中加入木质素会提高复合材料的分解温度。Gordobil O 等[266]在聚乳酸中加入牛皮纸木质素（kraft lignin），所得复合材料的热分解温度提高了，是因为木质素中存在复杂的苯丙单元结构和羟基基团。

表 3.3　复合材料的热分解温度

复合材料	T_{di}/℃	T_d/℃	T_{df}/℃
PLA	343.4	364.8	374.7
PLA/UF	332.5	358.2	369.4
PLA/AF	336.4	358.6	367.6
PLA/MF	331.5	352.8	364.2
PLA/KF	332.5	355.5	364.3

3.3.3　线膨胀行为

材料的热膨胀性能可以映射出材料在温度升高过程中的尺寸稳定性，热膨胀系数分为线膨胀系数和体膨胀系数。线膨胀系数的物理意义是温度升高 1K，材料在某一方向上的尺寸增加百分率，用公式表示如式（3.2）。

$$\alpha = \frac{L_t - L_0}{L_0 \Delta T} \qquad (3.2)$$

式中　α——线膨胀系数，K^{-1}；

　　　L_t——温度 t 时样品长度，mm；

　　　L_0——起始温度时样品的长度，mm；

　　　ΔT——测试温度范围，K。

图 3.6 为 PLA/Flax 复合材料的线膨胀系数与温度关系曲线，随着温度升高，材料的线膨胀系数逐渐增加，材料表现为受热膨

胀，且纯聚乳酸的线膨胀系数始终高于 PLA/Flax 复合材料。随着温度升高，分子链段不断运动；而填料必定对聚乳酸分子链段运动造成一定的阻碍。此外，复合材料中聚乳酸分子链段运动时，不仅要克服分子之间相互作用，还要克服分子链与填料之间的摩擦[267]，使得复合材料的线膨胀系数低于纯聚乳酸的，这也是 PLA/AF 复合材料线膨胀系数最小的原因(AF 经碱处理后表面更粗糙，摩擦力更大)。从一定意义上讲，亚麻纤维的加入，提高了聚乳酸在受热情况下的尺寸稳定性。Song S 等[268]研究表明随着大麻纤维含量增加，聚乳酸/大麻纤维复合材料的线膨胀系数逐渐降低。

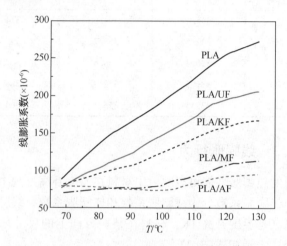

图 3.6　复合材料的线膨胀系数与温度的关系曲线

3.3.4　动态力学性能

动态力学分析，Dynamic Mechanical Analysis，简称为 DMA，测量材料在某一频率的动态微小作用力下，其储能模量、损耗模量和力学内耗三参数与温度关系的一种技术。

聚合物是典型的具有黏性和弹性的固体材料之一，聚乳酸也不例外。一方面，它像弹性材料那样，受到一定外力作用时，发生弹性形变，形变量与所受作用力成正比，比例系数就是该弹性材料的弹性模量或储能模量(E')，表征材料刚度[269]。另一方面，它又像黏性材料那样，受到一定外力作用时，发生永久性形变，这种形变在外力消失以后不会回复，机械能没有被贮藏造成能量损耗，用损耗模量(E'')表示，表征材料的阻尼。损耗模量与储能模量之比，叫做内耗，数值上等于$2\pi\tan\delta$，其中$\tan\delta$称为损耗角正切。$\tan\delta$在某些温度范围出现呈现峰值，表明在该温度范围内材料发生了松弛。

图3.7为PLA/Flax复合材料在不同频率动态力作用下，储能模量E'与温度的关系曲线，在$-115\sim50℃$的低温范围内，PLA/Flax复合材料处于玻璃态，E'相对较高。$-115℃$时材料的E'在$2.7\sim3.4$GPa，随着温度升高E'逐渐降低，当温度达到$50℃$时，降低至$2.1\sim2.6$GPa。另外，除PLA/MF的E'相对较低以外，聚乳酸和PLA/Flax复合材料相差不大。

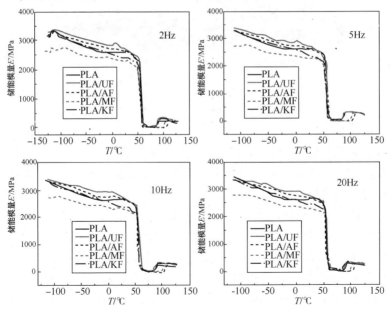

图3.7 复合材料在动态力作用下储能模量与温度关系曲线

随着温度继续升高，E' 在 50~69℃ 出现骤降，该温区属材料的玻璃化转变区，此时，聚乳酸基质的分子链段开始运动，活动空间急剧增加，在相同应力作用下的应变剧烈增加，导致 E' 骤降[270]。当温度达到 69℃ 时，完成了玻璃态到高弹态的转变。另外，在高弹态时聚乳酸和 PLA/Flax 复合材料的 E' 极为相近。在69~84℃，E' 保持在 38MP 左右不变。温度继续升高到 84~109℃时，E' 又增加了，这是因为聚乳酸发生了冷结晶[271,272]。对比实验前后样品的透明度，如图 3.8 所示，测试前样品透明度较高，而测试后样品变成了不透明的，表明样品在测试过程中确实发生了冷结晶。最后，PLA、PLA/UF、PLA/KF 与 PLA/AF、PLA/MF冷结晶的温度不同，前者为 84~90℃，后者为 100~109℃。

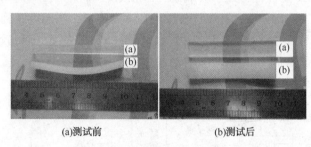

(a)测试前   (b)测试后

图 3.8　样品在 DMA 测试前(a)、后(b)透明度对比

图 3.9 为 PLA/Flax 复合材料在 25℃ 时储能模量 E' 随频率变化的关系曲线，随着交变外力频率提高，聚乳酸和 PLA/Flax 复合材料的储能模量 E' 逐渐增大。频率越来越高，聚乳酸分子链段运动越来越跟不上外力变化，刚性表现得越来越显著，储能模量也随之增加。

阻尼(tanδ)是研究复合材料动态力学性能时一个重要参数，温度、频率变化对 tanδ 值影响较大。图 3.10 为 -120 ~ 130℃PLA/Flax 复合材料的 tanδ 与温度关系曲线，温度低于 50℃ 时，材料的 tanδ 维持 0 附近较低常数，没有出现峰值，表明 PLA/Flax 复合材料在整个玻璃态没有发生转变，而且 tanδ 很小。当温度继续升高到玻璃化转变区域时，tanδ 逐渐增大出现一个峰值之后又逐渐减小，tanδ 峰值所对应的温度被认为是 $T_g^{[273]}$。

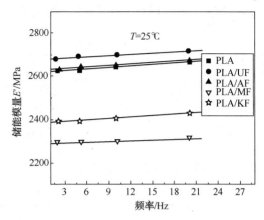

图 3.9　25℃时储能模量随频率的变化关系

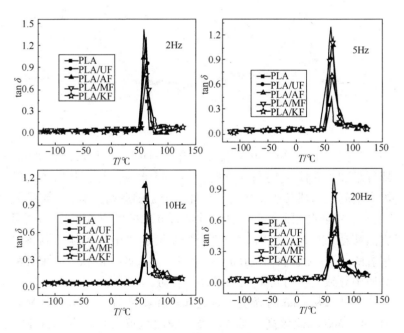

图 3.10　−120~130℃复合材料 tanδ 与温度的关系曲线

为了进一步研究纤维改性对复合材料 tanδ 峰高、峰宽、峰面积的影响，只研究 30~110℃ tanδ 与温度的关系，如图 3.11 所示。

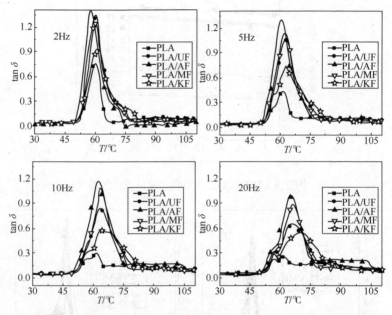

图 3.11　30~110℃复合材料内耗角正切(tanδ)与温度的关系曲线

从图 3.11 可知，PLA/Flax 复合材料的 T_g 比聚乳酸的要高，即纤维加入后使 T_g 向高温方向移动，可能因为复合材料中的纤维在空间上形成位阻，妨碍了聚乳酸分子链运动，需要比纯聚乳酸更高的能量链段才能运动，因此 tanδ 的峰值对应的 T_g 向高温方向移动。相似地，Xiong Z 等[274]在聚乳酸中加入淀粉制备了聚乳酸/淀粉复合材料，DMA 结果显示，未改性淀粉加入聚乳酸基质中导致复合材料 T_g 向高温方向移动。

另外，从 tanδ 的峰值、峰宽和峰面积来看，PLA/Flax 复合材料的 tanδ 峰值较高，峰宽较宽，峰面积较大，表明 PLA/Flax 复合材料的内耗比聚乳酸的要大得多，可能有以下三种原因：

① 复合材料中聚乳酸分子链段运动受缚[275]，在较短的时间

内很难完成从玻璃态到高弹态的转变，测试程序是匀速升温的，较长的转变时间就表现在较宽的温度跨度上。

② 聚乳酸和纤维是化学异质的，适合聚乳酸分子链段运动的温度并不适合纤维分子链段运动，两者之间产生较大的摩擦，损耗能量，使得 tanδ 峰宽较宽、面积较大。

③ 在玻璃化转变温度时，纤维与聚乳酸的膨胀系数、膨胀速度不匹配，界面处产生微空隙，在动态力作用下表现出类似于相容性较差的特征。

图 3.12 是温度为 T_g 时 tanδ 与频率的关系曲线，PLA/Flax 复合材料的 tanδ 随着频率增加而降低。当频率极低时，聚乳酸分子链段的运动产生的形变几乎能够跟得上应力变化，此时 tanδ 值很小，聚乳酸表现出类似于橡胶的高弹性；当频率继续升高，链段运动产生的形变跟不上应力的变化，内耗值较大；当频率很高时，应变完全跟不上应力变化，聚乳酸表现出一定的刚性，此时内耗也较小。结合图 3.12，聚乳酸链段运动已经跟不上频率为 2Hz 的交变外力，tanδ 值较大，随着频率增加，聚乳酸分子链段运动越来越跟不上外力变化，逐渐表现出刚性，使得 tanδ 值越来越小。

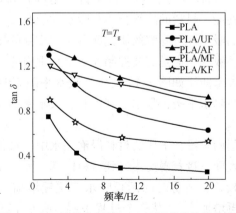

图 3.12　T_g 处复合材料 tanδ 与频率的关系曲线

图 3.13 为 PLA/Flax 复合材料的 T_g 值随频率变化关系曲线, 随着频率升高, 材料的 T_g 也随之升高, 这可能是因为交变应力的频率升高了, 聚乳酸分子链段运动越来越跟不上应力变化, 需要在更高的温度下才能实现玻璃化转变。

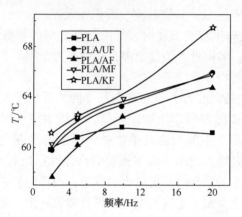

图 3.13　复合材料的 T_g 与频率的关系曲线

3.3.5　吸水性能

制备 PLA/Flax 复合材料的预期目标是具有高韧性的同时, 兼具可降解性能。材料的降解行为与吸水性能有着紧密联系, 研究复合材料的吸水性对降解的研究起着至关重要的作用; 且复合材料使用时, 吸水率也是需要控制在一定范围内的。复合材料吸水率与时间关系曲线如图 3.14 所示, 吸水率随着时间延长而逐渐增加, 最后趋于平缓, 吸水达到饱和, 吸水率不再增加, 遵循费克定律[276]。

在试验起始阶段, 干燥的材料浸泡在水中, 水分子很容易地扩散至样品表面, 接着慢慢渗透到材料内部, 因此浸泡初始阶段吸水率增加较快, 随着时间延长吸水率缓慢增加, 吸水饱和以后, 质量不再增加[277]。从整个过程来看, 吸水率随时间延长呈指数函数增加, 函数关系式如表 3.4 所示, $0 < x \leqslant 18$。

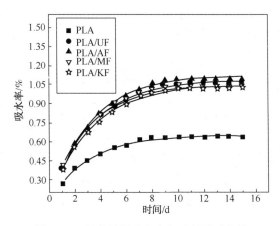

图 3.14　复合材料吸水率与时间关系曲线

表 3.4　复合材料吸水率与时间函数关系

编号	吸水率 y 与时间 x 函数关系
PLA	$y = 0.94 * [1 - \exp(-x/3.04)] + 0.12$
PLA/UF	$y = 0.94 * [1 - \exp(-x/3.40)] + 0.14$
PLA/AF	$y = 0.98 * [1 - \exp(-x/3.50)] + 0.16$
PLA/MF	$y = 0.92 * [1 - \exp(-x/3.12)] + 0.13$
PLA/KF	$y = 0.92 * [1 - \exp(-x/3.52)] + 0.15$

　　另外，在整个测试过程中复合材料的吸水率约为纯聚乳酸的两倍。单根纤维内部结构较为疏松，容易储纳水分子，且纤维素分子上大量的氢键使得吸水性较强[278]，所以在纤维含量仅为5%时，PLA/Flax 复合材料的吸水率已经达到聚乳酸的两倍，复合材料中 PLA/AF 的吸水率相对更高，饱和吸水率达 1.1%。文献中也有类似报道，Das S[279] 等采用蒸汽爆破处理黄麻纤维再与苯酚甲醛树脂混合制备复合材料，并对其吸水率进行测试，结果表明复合材料的吸水率明显高于纯树脂。虽然在第 2 章纤维亲水性能中，MF 和 KF 是疏水的，但是纤维在母粒破碎、双螺杆挤出、切粒、注塑机螺杆剪切作用下，被多次剪短，水分子可以从纤维

两个断面渗入，长时间浸泡达到吸水饱和，所以 PLA/KF 和 PLA/MF 的吸水率仍然高于纯聚乳酸，略低于与 PLA/UF 和 PLA/KF。

3.4　本章小结

（1）纯聚乳酸和 PLA/Flax 复合材料在缓慢的降温过程能形成结晶，晶型以 α 为主并伴有少量的 α′晶型生成。

（2）亚麻纤维加入后，材料的在 DSC 测试中的结晶度明显提高，且纤维-基质相容性越好，冷结晶速率越大，结晶越容易发生，冷结晶温度降低得越多，与聚乳酸相比 PLA/KF 的 T_{cc} 降低了 11.3℃。

（3）PLA/Flax 复合材料的热分解温度较聚乳酸低；PLA/MF 和 PLA/KF 的热分解温度最低，与纯聚乳酸相比降低了 10℃ 左右。亚麻纤维加入使材料的线膨胀系数降低，尺寸稳定性大大提高，PLA/AF 提高效果最好。

（4）PLA/UF 和 PLA/AF 的储能模量与聚乳酸很相近，而 PLA/MF 和 PLA/KF 的略低；PLA/Flax 复合材料的 T_g 和 tanδ 均比聚乳酸的高，PLA/AF 最高。随着动态力的频率增加，聚乳酸和复合材料的储能模量和 T_g 增加、tanδ 降低。

（5）PLA/Flax 复合材料的吸水率约为聚乳酸的两倍，这对完全可降解复合材料意义重大；复合材料中 PLA/AF 的吸水率相对较高，饱和吸水率达 1.1%。

第4章 不同纤维含量 PLA/Flax 复合材料的性能及增韧机理

4.1 引言

第2章、第3章主要是采用不同的方法对纤维表面进行改性，通过对比改性前后纤维的物理、化学结构和不同复合材料的性能，得出增容机理，选出最优的表面处理方法以制备高性能的 PLA/Flax 复合材料。经过多方面综合比较后，得出硅烷偶联剂 KH550 处理纤维与聚乳酸基质相容性效果较为理想，且成本低，操作简单。因此，本章采用硅烷偶联剂 KH550 处理作为纤维表面改性方法，改变纤维添加量，制备纤维含量不同的复合材料。研究纤维含量对材料力学性能、耐热性能、吸水性能、结晶行为等进行研究，最终通过实验现象和实验结果得出增韧效果最佳的纤维、聚乳酸配比，并推出增韧机理。

4.2 实验部分

4.2.1 主要原料、试剂和仪器设备

4.2.1.1 主要原料试剂
同 2.2.1.1。

4.2.1.2 主要仪器设备
差示扫描量热仪：NETZSCH DSC 242，德国 Netzsch 公司；其余仪器同 3.2.1.2。

4.2.2 PLA/Flax 复合材料的制备和成型加工

硅烷偶联剂 KH550 处理纤维表面、母粒制备同 2.2.2。

PLA/Flax 复合材料制备：将母粒与一定量纯聚乳酸混合均匀，加入双螺杆挤出机中熔融挤出，制备纤维含量为复合材料总质量 0%、2.5%、5%、7.5%、10%、12.5%、15%、20% 的复合材料，切粒、干燥、注塑成型。熔融挤出和注塑条件同 4.2.2。

聚乳酸和 PLA/Flax 复合材料薄膜的制备：将聚乳酸溶在氯仿中配制两份浓度为 50mg/mL 的溶液，一份不加纤维，另一份中加入硅烷处理纤维并搅拌、超声使其分散均匀；纤维添加量为聚乳酸质量的 1%，长度小于 0.5mm。分别将聚乳酸溶液和 PLA/Flax 悬浮液滴在载玻片上，盖上培养皿，氯仿缓慢挥发，制备厚度为 0.10mm 的聚乳酸和 PLA/Flax 复合材料薄膜。长 70mm，宽 2mm 的薄膜在 CMT-5104 型电子力学性能实验机上拉伸，拉伸速度 10mm/min，上下夹头之间距离为 20mm，拉伸一定时间后停止，取下被拉伸的薄膜，在光学显微镜下观察裂纹的扩展情况。

4.2.3 测试与表征

SEM 观察冲击断面、力学性能测试方法同 2.2.3，拉伸性能测试时室内温度 32℃，湿度 55%，弯曲性能测试时温度 33℃，湿度 57%，冲击性能测试时温度 34℃，湿度 54%。热性能测试、动态力学性能测试、吸水性测试方法同 3.2.3。

差示扫面量热法：分别取 5mg 左右不同样品，用 NETZSCH DSC 242 型热分析仪在氮气氛围下进行热分析。从 20℃升温至 300℃，再从 300℃降温至 30℃，再升温至 300℃，升温、降温速率均是 10℃/min，得到其 DSC 曲线。

POM 观察球晶：样品在 190℃热台上熔融 1.5min，立刻转移到 155℃ 恒温炉子中培养 30min，关闭电炉、自然降温，制得样品后在偏光显微镜下观察。

广角 X 射线衍射：样品在（190±2）℃ 的热台上熔融热压 2min，快速转移到恒温炉中培养 30min，取出样品，在空气中自然冷却。为了研究 80℃ 和 135℃ 培养结晶晶型，本次制备的两种样品培养温度为 80℃ 和 135℃。用 X 射线衍射仪对样品记谱扫描，Cu 靶，波长为 0.152nm，衍射角 2θ 为 5°~80°。

4.3 结果与讨论

4.3.1 复合材料断面形貌

图 4.1 为纤维含量不同的 PLA/Flax 复合材料拉伸断面扫描电子纤维照片，从纤维在复合材料中的分布情况看，纤维含量从 2.5%~20%，纤维在聚乳酸基质中的分布都很均匀，在断面上并未看到纤维的缠结和团聚。这是因为，复合材料的制备过程经过了溶液共混-熔融挤出-注射成型三次混合，这也是本课题一个创新点，该法制备复合材料的优势如 2.2.3 所列举。从两相界面来看，纤维与基质的相容性非常好，纤维紧紧镶砌在聚乳酸基质中，有很多纤维被撕裂了也未能从基质中拔出，表明纤维-基质粘附强度比微纤束之间的结合强度要高。另外，纤维含量为 2.5% 时拉伸断面上出现了涟漪、韧窝，且在纤维附近更为明显，如图 4.1(b) 所示。在拉伸作用下，聚乳酸基质发生了大的塑性形变，留下韧窝。Okubo K 等[183]将聚乳酸与竹纤维在水中分散，之后，真空过滤，再将干燥的过滤片热压成型，制备出聚乳酸/竹纤维复合材料。当竹纤维含量为 1%(质) 时，复合材料发生较大的塑性形变，纤维阻止了裂纹的快速传播，在断面上也出现了韧窝。

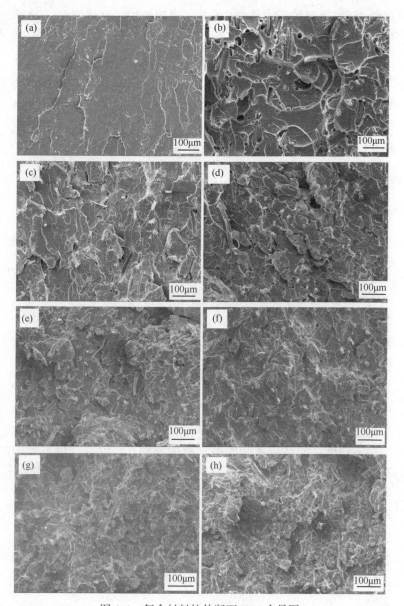

图 4.1　复合材料拉伸断面 SEM 全景图

纤维含量：(a)0%；(b)2.5%；(c)5%；(d)7.5%；(e)10%；(f)12.5%；(g)15%；(h)20%

图 4.2 对比了纯聚乳酸和纤维含量为 5% 的 PLA/Flax 复合材料冲击断面,通过对比观察可以分析纤维的断裂方式,进一步探讨增韧机理。纯聚乳酸的断面平整、光滑,属典型的脆性断裂。图 4.2(b) 中,纤维在冲击力作用下以拔断的方式断裂,在断面上留下孔洞和被拔断的纤维茬。图 4.2(c) 中纤维在冲击力作用下以撕裂的方式破坏,纤维束被撕裂成微纤维。图 4.2(d) 中纤维以拔断-撕裂综合方式破坏,在断面上既有被撕裂时留下的微纤维,又有被拔断留下的纤维茬。不管纤维以什么方式断裂,断裂过程中吸收能量,对复合材料韧性的提高都是有利的。

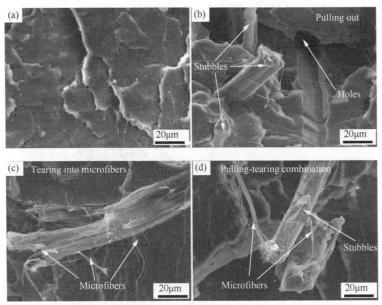

图 4.2 纯聚乳酸(a)和纤维含量 5% 的 PLA/Flax
复合材料(b),(c),(d)冲击断面 SEM 照片

4.3.2 动态力学性能

图 4.3 为在频率为 5Hz 下,复合材料储能模量(E')随温度变化的关系曲线,当温度低于 50℃ 时,复合材料处于玻璃态,

E' 随着温度升高而缓慢降低，整体保持在较高的数值，均在 2.5GPa 以上。复合材料的 E' 提高是因为纤维本身的模量高[280]。当温度升高到 50~65℃时，复合材料中聚乳酸分子链发生玻璃化转变，从玻璃态向高弹态过渡，储能模量急剧下降，完成玻璃化转变以后，又保持在 100Pa 左右不变。随着温度进一步升高，在 80~120℃区域内某一温度下发生冷结晶，结晶完成以后，模量在一定程度上得以提高。Dogan S K 等[281]在研究聚乳酸/热塑性聚氨酯复合材料的动态力学性能时，复合材料储能模量在 120℃ 附近也有所增加，归因于聚乳酸的冷结晶。

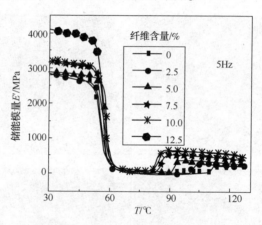

图 4.3　复合材料在动态力作用下储能模量-温度关系曲线

样品在测试过程中发生冷结晶还可以从测试前后样品的透明度得到证明，如图 4.4 所示。

测试之前，PLA 样品经历注射成型，从熔点温度以上螺杆中的熔融状态，高压快速注射到玻璃化转变温度以下的模具中，在熔体急冷的过程中，尽管 PLA 高分子链段有潜在的结晶能力，但来不及重排结晶就被冻结，结晶度很低的样品透明度很高，如图 4.4(a)所示。样品在 DMA 测试过程中，当温度在 80~120℃时，在 2℃/min 缓慢的升温速率和动态力作用下，这些有结晶能力而没来得及结晶的 PLA 链段有充足的时间重排运动，排入晶

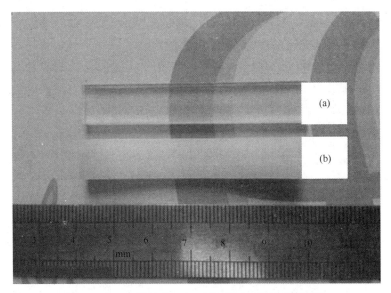

图 4.4 DMA 测试前(a)、测试后(b)样品的透明度

格，完成结晶，因此 DMA 测试后，样品的透明度急剧下降，如图 4.4(b)所示。样品从测试前的完全透明转变为测试后的不透明，进一步佐证了 PLA 在 DMA 测试过程中发生了结晶。

为了考察纤维含量对 PLA 在 DMA 测试过程中冷结晶温度的影响，将图 4.3 中 80~120℃ 的图单独截取出来，如图 4.5 所示。

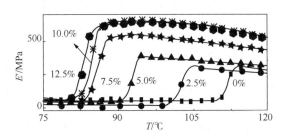

图 4.5 复合材料储能模量-温度关系曲线(80~120℃)

对图 4.5 中曲线作微分，得到 $(\mathrm{d}E'/\mathrm{d}T)-T$ 曲线如图 4.6 所示。取 4.6 图线峰值对应的温度为复合材料冷结晶温度 T_{cc}，做

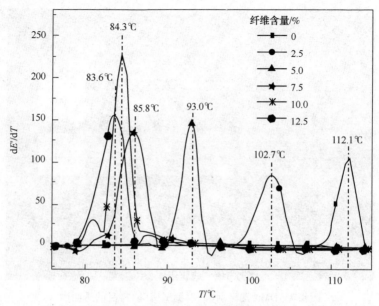

图 4.6　纯聚乳酸和 PLA/Flax 复合材料的 (dE'/dt) –T 曲线

冷结晶温度 T_{cc} 与纤维含量的关系曲线如图 4.7 所示。从图 4.7 中可以看出随着纤维含量增加，冷结晶温度逐渐降低。纤维加入后，成为体系中的结晶晶核，使得结晶直接进入结晶生长阶段，提高了冷结晶能力，使得结晶能在较低的温度下进行。动态外力的频率对冷结晶温度几乎没有影响，在 2Hz、5Hz、10Hz、20Hz 下数值重合。将冷结晶温度随纤维含量变化的关系按指数函数拟合得：$y = 83 * \exp(-x/2.4) + 83$，其中 x 表示纤维含量，y 表示冷结晶温度，$0 < x \leqslant 12.5$。

对于 PLA/Flax 复合材料而言，40℃时还处于玻璃态，这点在图 4.3 中已经证明。为了研究该复合材料在玻璃态时纤维含量对储能模量的影响，40℃时将不同动态力频率下测试得到的样品的储能模量作图，储能模量随频率变化关系曲线如图 4.8 所示。随着频率增加，材料的储能模量缓慢增加，这是高聚物在交变外力作用下的形变滞后于应力引起的。当频率为 2Hz 时，复合材料中聚乳酸分子链段运动已经跟不上外力变化表现出一定的滞后现象，一部分被损耗，表现出稍低的储能模量。随着频率继续升高到 5Hz、10Hz 和 20Hz，聚乳酸分子链段运动越来越跟不上外力变化，刚性越来越明显，样品表现出随着频率增加，储能模量增加的趋势。

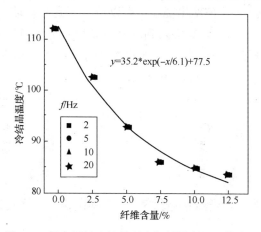

$y=35.2*\exp(-x/6.1)+77.5$

图 4.7　复合材料冷结晶温度与纤维含量函数关系

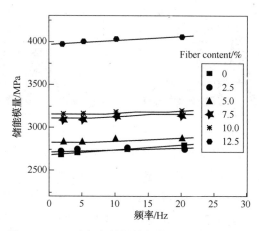

图 4.8　40℃时复合材料储能模量-频率关系曲线

某一频率动态外力作用下，复合材料的损耗因子随温度变化的关系如图 4.9 所示，复合材料处在温度相对较低的玻璃态时，损耗因子 tanδ 为零附近某一常数，数值较小。当温度继续升高到 50℃ 左右，聚乳酸发生玻璃化转变，分子链段开始运动，克服分子间相互作用力、摩擦等，这些过程都需要损耗能量，使得损耗因子急剧增加，并出现一峰值，该峰值所对应的温度为玻璃化转变温度[282]。玻璃化转变结束以后，聚乳酸从玻璃态完全过渡到高弹态。当聚乳酸进入到冷结晶阶段，分子链段排入晶格，需要克服分子内作用力，且分子链之间产生相对运动要克服摩擦，使得损耗增加，tanδ 增加。

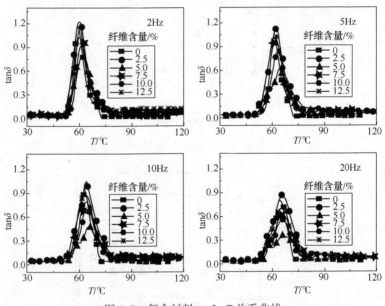

图 4.9 复合材料 tanδ~T 关系曲线

图 4.9 中 tanδ 峰对应的温度为 T_g，做 T_g 时 tanδ 与频率关系曲线如图 4.10 所示，随着动态外力的频率增加，复合材料的 tanδ 减小。当温度逐渐升高达到玻璃化转变附近时，链段运动被激发，通过主链中单键的内旋转逐渐改变构象，因此聚乳酸从玻璃态向高弹态转变是一个缓慢的过程。在频率为 2Hz 的动态外力作用下，分子链段的缓慢运动跟不上外力变化，应力应变产生

很大的相位角，因此 tanδ 值也较大。当频率继续增加，分子链段运动越来越跟不上外力变化，表现出一定的刚性，损耗减小，因此 tanδ 也减小。

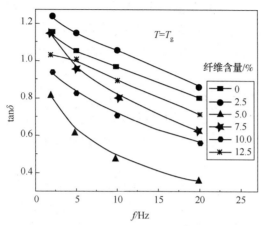

图 4.10　复合材料 tanδ 随频率变化的关系

图 4.11 为复合材料的玻璃化转变温度随交变外力频率变化的关系曲线图，随着频率增加，复合材料的 T_g 逐渐增加。这是因为随着频率增加，聚乳酸分子链段运动越来越跟不上外力变化，需要在更高的温度下才能实现转变。

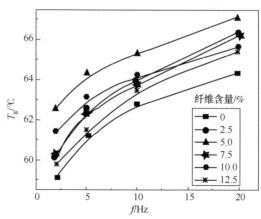

图 4.11　复合材料 T_g 与频率关系曲线

4.3.3　结晶行为与结构

在聚合物基体中加入其他填料时，填料会对结晶的成核过程、结晶尺寸、结晶分布、结晶度等产生影响。填料加入引起的这些变化将对复合材料的其他性能，如力学性能、热性能、降解性能等产生影响，因此研究复合材料的结晶形貌、结构和行为尤为重要。

4.3.3.1　结晶形貌

样品熔融后在 155℃下培养 30min，在偏光显微镜下观察，得到如图 4.12 和图 4.13 所示的照片，分别为未加补色器、加补色器观察到的结果。

纯聚乳酸的球晶尺寸大小不一，大球晶约为 200μm，小球晶只有十到几十微米，球晶较为完整。在图 4.12(a)、图 4.13(a)中可以看到，个别大球晶以气泡为晶核。纯聚乳酸中绝大多数球晶的成核方式为均相成核，若体系中存在微小杂质或气泡时，聚乳酸分子链易于在这些物质表面附着、整齐排列形成结晶。PLA/Flax 复合材料的晶粒尺寸明显减小，最大只有 100μm，这对材料增韧是有利的。Hammer C F[283]认为聚丙烯球晶尺寸越大，延展性越差，韧性越差。从图中还可以看出，复合材料中球晶不完整，且纤维含量越高，这种不完整性越明显，是因为纤维对聚乳酸分子链运动形成空间位阻。

此外，纤维含量为 2.5%，5%，7.5%时，能明显看到在纤维表面有横晶或串晶生成，含量为 5%时，串晶最明显。纤维含量继续增加，很难观察到横晶现象，因为聚乳酸分子周围有很多纤维，这些纤维起成核剂的作用，聚乳酸分子链就近附着在纤维表面排入晶格，大量的随机分布的纤维扰乱的横晶或串晶的生成。当纤维含量高达 20%时，纤维表面不能完全被聚乳酸基质包裹，出现如图 4.12(h)和图 4.13(h)所示的空隙或空洞，如果在成型加工中出现这种情况，会大大降低其力学性能。

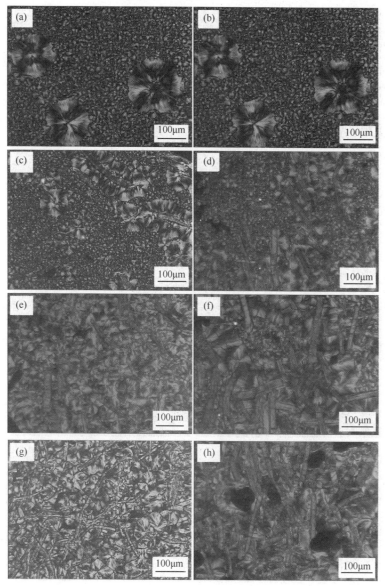

图 4.12　复合材料的偏光显微镜照片(未加补色器)

纤维含量(a)0%，(b)2.5%，(c)5%，(d)7.5%，(e)10%，(f)12.5%，(g)15%，(h)20%

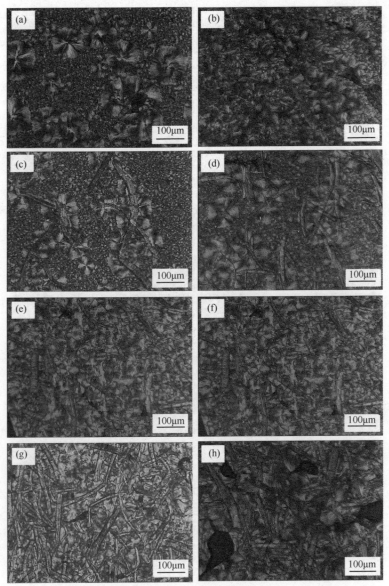

图 4.13　PLA/Flax 复合材料的偏光显微镜照片(加补色器)

纤维含量(a)0%，(b)2.5%，(c)5%，(d)7.5%，(e)10%，(f)12.5%，(g)15%，(h)20%

为了进一步探讨纤维引发生成横晶或串晶，选择纤维含量为5%的复合材料为研究对象，因为图4.12(c)和图4.13(c)中横晶现象最为明显，且复合材料在纤维含量5%时，冲击强度最高。将纯聚乳酸与纤维含量为5%的复合材料在190℃下熔融后在155℃下培养30min，复合材料的结晶形貌如图4.14所示。从图4.14(a)中可以看出，纯聚乳酸生成较大的球晶(约为200μm)，且球晶结构较为完善；相比之下复合材料中聚乳酸沿纤维轴向生成横晶或串晶，且在纤维节点处和纤维末端容易引发生成结晶，节点结晶如图4.14(b)中标示，纤维末端引发结晶如图4.14(c)、图4.14(d)中标示。

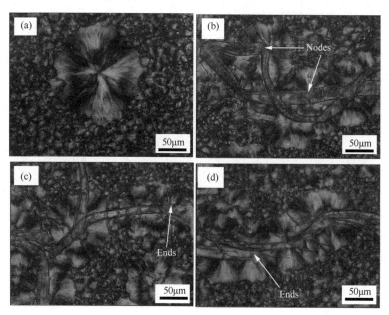

图4.14　纯聚乳酸和纤维含量5%的PLA/Flax复合材料结晶形貌

4.3.3.2　熔融与结晶

图4.15为PLA/Flax复合材料的一次升温DSC曲线，所有样品在65℃附近出现了玻璃化转变，且在转变过程中伴有物理

老化吸热峰，峰值温度为玻璃化转变温度。聚乳酸在 100℃ 附近发生了冷结晶，在 170℃ 附近发生了结晶熔融，聚乳酸的这种结晶熔融行为与 Zhuo L 等[250]制备的聚乳酸/羟磷灰石复合材料中的聚乳酸相似。升温过程的热性能参数如表 4.1 所示。

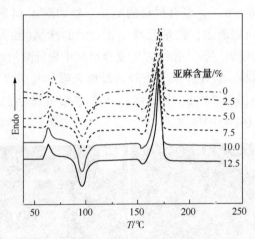

图 4.15　复合材料的一次升温 DSC 曲线

表 4.1　复合材料一次升温热力参数

纤维含量/ %	T_g/ ℃	T_{cc}/ ℃	T_m/ ℃	ΔH_{cc}/ (J/g)	X_{cc}/ %	ΔH_m/ (J/g)	X_c/ %
0	67.7	104.3	170.7	22.0	23.4	31.2	9.8
2.5	65.4	96.1	172.2	18.3	19.4	36.7	19.3
5.0	65.2	96.3	172.1	18.3	19.5	37.9	20.8
7.5	64.8	97.7	170.0	18.1	19.2	37.5	20.7
10.0	63.3	96.2	170.2	21.6	22.9	40.6	20.2
12.5	63.2	96.3	170.3	20.9	22.2	39.7	19.9

　　从表 4.1 可以看出，复合材料的冷结晶温度非常相近，比纯聚乳酸的降低了 8℃ 左右。而纤维加入对熔点影响不大，PLA/Flax 复合材料的 T_m 均为 170℃ 左右。注塑成型样品的结晶度可以通过公式 $X_c = (\Delta H_m - \Delta H_{cc})/\Delta H_\alpha$ 计算，其中 $\Delta H_\alpha = 94 \text{J/g}$，$\Delta H_m$ 为熔融焓，ΔH_{cc} 为冷结晶焓，所得数值如表 4.1 所示（ΔH_{cc}、

104

ΔH_m扣除纤维后的焓变值)。复合材料的 X_c 高于纯聚乳酸的，约为聚乳酸的 2 倍。在注塑成型过程中，亚麻纤维作为结晶成核剂，聚乳酸分子链段附着在纤维表面，异相成核生成结晶。而纯聚乳酸在成型过程中也能结晶，但结晶度较低，因为纯聚乳酸的结晶成核属于均相成核，与复合材料相比，结晶不太容易，因此复合材料的结晶度约为聚乳酸的两倍。在 DSC 升温过程中，那些能够结晶而没来得及结晶的分子链段运动后结晶。与聚乳酸相比，PLA/Flax 复合材料本身结晶度已相对较高，只有小部分分子链段还处于无定型状态而又具备结晶能力，所以冷结晶度较低。相反，聚乳酸样品的结晶度相对较低，还有很大一部分的链段具有结晶能力，只不过注塑过程降温速度太快没来得及结晶，所以，冷结晶的发展空间很大。另外，复合材料的冷结晶温度低于纯聚乳酸的，表明纤维加入使得聚乳酸能在更低的温度下发生冷结晶。

为了研究纤维含量对冷结晶速率的影响，对材料的冷结晶放热峰作图，计算出冷结晶峰半高宽，作图过程如图 4.16 所示，计算结果如表 4.2 所示。除纤维含量为 12.5%复合材料以外，随着纤维含量增加，冷结晶峰半高宽逐渐减小，表明结晶速度逐渐增加，这是因为纤维起到成核剂的作用，缩短结晶成核时间，提高结晶速率。

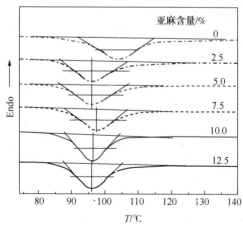

图 4.16　复合材料在一次升温过程中冷结晶峰半高宽

表 4.2 复合材料一次升温冷结晶参数

纤维含量/%	T_{ci}/℃	T_{cf}/℃	PH/mW	D/℃
0	92.5	114.6	0.3	12.4
2.5	86.9	107.1	0.3	11.8
5.0	86.6	106.8	0.2	11.5
7.5	87.9	106.8	0.3	10.7
10.0	88.5	104.1	0.3	8.9
12.5	88.2	105.2	0.3	9.5

注：峰高 PH，峰半高宽 D。

图 4.17 为纯聚乳酸和 PLA/Flax 复合材料的降温 DSC 曲线，从图中可以看出样品在 50℃附近发生了玻璃化转变，除纯聚乳酸以外，复合材料在 95℃左右发生了结晶，且随着纤维含量增加结晶峰高逐渐增高，峰面积逐渐增大，表明纤维加入促进了复合材料中聚乳酸结晶。对于纯聚乳酸而言，在 10℃/min 的降温速率下几乎没有生成结晶，因此也无法确定其结晶温度和结晶焓变，这也是纯聚乳酸注塑成型完以后样品透明度极高的原因。而对于复合材料而言，随着纤维含量增加，结晶温度逐渐提高；结晶放热焓逐渐增大，结晶度也逐渐增加，增加幅度很大，表明纤维加入促进了结晶生成。

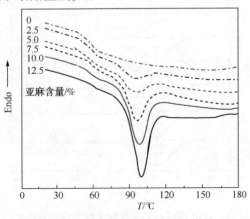

图 4.17 复合材料的降温 DSC 曲线

纤维含量不同 PLA/Flax 复合材料的降温 DSC 过程中，所得相关温度和热焓参数如表 4.3 所示。

表 4.3　复合材料的 DSC 降温热力参数

纤维含量/%	T_g/℃	T_c/℃	ΔH_c/(J/g)	X/%
0	51.2			
2.5	51.0	95.1	5.2	5.6
5.0	50.7	95.4	6.9	7.4
7.5	50.4	96.7	14.7	15.7
10.0	50.1	98.1	20.4	21.7
12.5	51.9	99.4	27.6	29.4

为了研究纤维含量对结晶速率的影响，对 DSC 降温结晶放热峰作图，计算结晶峰半高宽，作图过程如图 4.18 所示，计算结果如表 4.4 所示。随着纤维含量增加，结晶峰高逐渐增加，结晶峰面积增大，结晶峰半高宽逐渐减小，表明纤维加入提高了聚乳酸的结晶度和结晶速率。

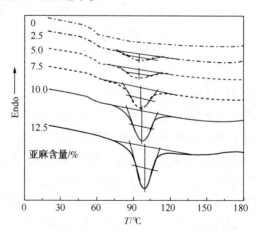

图 4.18　复合材料在降温过程中的结晶峰半高宽

表 4.4 复合材料降温结晶参数

纤维含量/%	$T_{ci}/℃$	$T_{cf}/℃$	PH/mW	$D/℃$
0				
2.5	80.0	114.0	0.05	19.4
5.0	78.1	113.8	0.07	20.0
7.5	82.1	109.1	0.15	16.0
10.0	84.9	109.3	0.22	14.3
12.5	88.0	110.9	0.31	13.0

注：峰高 PH，峰半高宽 D。

综合图 4.17、图 4.18 和表 4.3、表 4.4，可以推断聚乳酸降温结晶过程中，控制结晶的关键因素是晶核形成，如果晶核能在快速降温过程中形成，结晶就能快速生长。对于纯聚乳酸而言，生成结晶属于均相成核。均相成核的成核过程较难进行，在温度相对较高时，分子链段运动剧烈，在均相体系中很难出现相对静止不动的某一点，即便短时间出现又会因为周围分子运动被破坏；这种情况类似于处在零下温度的湍急河流，温度虽已达到结冰温度，但由于水流太急水分子运动太快而无法生成结晶。当聚乳酸温度继续降低时，越来越多的分子链段运动被禁锢，此时虽有晶核生成，但绝大多数链段运动困难，无法排入晶格生成结晶，因此在降温过程中几乎观察不到结晶放热峰。

聚乳酸属于半结晶性聚合物，有一定的结晶能力，但成型过程中结晶速率较低，所得制品的结晶度较低[284]，因此开展了大量研究以提高其结晶速率和结晶度。加入成核剂（大多是纳米粒子）是极为常用的方法[285]，一方面提高聚乳酸结晶度、结晶速率以提高力学强度、耐热性和生产效率，另一方面降低球晶尺寸以保证材料的韧性和延展性，本研究在聚乳酸中加入亚麻纤维也起到了相似的作用。

对于 PLA/Flax 复合材料而言，在聚乳酸熔体分子中亚麻纤维属于"相对静止的宏观杂质"，聚乳酸分子链趋向于附着、依

108

附在亚麻纤维表面(第 2 章中已详细讨论了聚乳酸与 KF 具有良好的相容性),亚麻纤维成为结晶成核剂。在继续降温过程中,运动剧烈的分子链段沿着亚麻纤维逐渐有序地平静下来,生成结晶,成核类型属于异相成核。由于晶核形成是结晶度和结晶速率的控制性因素,因此,纤维含量越高越有利于结晶生成,因此出现了如图 4.17、图 4.18 和表 4.3、表 4.4 所示的结果,纤维含量越高,结晶放热峰面积越大,结晶度越大,且结晶速率也越大。

图 4.19 为 PLA/Flax 复合材料的二次升温 DSC 曲线,表 4.5 为对应的二次升温温度、热熔晶参数。从图和表中可以看出所有样品在 63℃ 附近发生玻璃化转变,且随着纤维含量增加,转变逐渐不明显。样品在 95℃ 附近发生冷结晶,复合材料的冷结晶温度比聚乳酸的低,表明纤维加入后聚乳酸在相对较低的温度下就能发生冷结晶。另外,PLA/Flax 复合材料的冷结晶峰较低,峰面积较小,当纤维含量为 12.5% 时,几乎看不出冷结晶行为发生。纯聚乳酸在 10℃/min 的快速降温过程中没来得及结晶(图 4.17 和图 4.18 中没有结晶峰),在第二次升温时,充分发生冷结晶。而 PLA/Flax 复合材料中的聚乳酸分子链在降温过程中

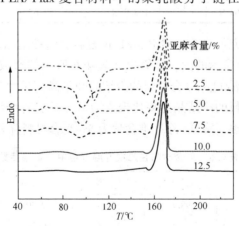

图 4.19 复合材料的 DSC 二次升温曲线

能结晶的大部分都已经结晶了，在升温冷结晶过程中结晶生长的空间比较小。此外，随着纤维含量增加，冷结晶峰面积逐渐减小，这是因为纤维含量越高，在降温结晶过程中的异相成核剂引发结晶效果越明显，结晶度越大，在升温过程中可发挥空间越小，所以冷结晶度越低。当纤维含量为12.5%时，能结晶的聚乳酸分子链几乎全部在降温过程中完成结晶，因此在升温过程中很难观察到有冷结晶现象发生。从 ΔH_m 值来看，复合材料的熔融焓在37J/g以上，均高于聚乳酸的29.7J/g。纤维含量增加提高了降温结晶度，降低了升温冷结晶度。

表 4.5　复合材料二次升温热焓晶参数

纤维含量/%	T_g/℃	T_{cc}/℃	T_m/℃	ΔH_{cc}/(J/g)	ΔH_m/(J/g)	X_{cc}/%	X_c/%
0	64.3	108.3	169.5	26.4	29.7	28.1	3.5
2.5	64.3	97.1	168.6	18.0	37.9	19.1	21.2
5.0	64.1	96.9	168.8	15.6	37.8	16.6	23.6
7.5	63.5	95.2	168.4	7.2	38.4	7.7	33.1
10.0	63.8	94.0	169.1	2.8	37.7	2.9	32.4
12.5	64.9		168.9		37.6		40.0

为了研究纤维含量对 PLA/Flax 复合材料冷结晶速率的影响，作如图4.20所示的图，计算出如表4.6所示的参数。从表中可以看出，PLA/Flax 复合材料的冷结晶峰半高宽稍大于纯聚乳酸，表明复合材料的冷结晶速率比聚乳酸低，且随着纤维含量增加，冷结晶速率逐渐降低(除纤维含量为5%复合材料除外)。

表 4.6　复合材料在二次升温过程中冷结晶参数

纤维含量/%	T_{ci}/℃	T_{cf}/℃	PH/mW	D/℃
0	98.8	116.1	0.40	9.7
2.5	88.5	107.6	0.24	11.1
5.0	87.5	107.1	0.21	10.9

纤维含量/%	$T_{ci}/℃$	$T_{cf}/℃$	PH/mW	$D/℃$
7.5	84.1	105.9	0.09	13.1
10.0	82.6	105.8	0.04	13.4
12.5				

注：峰高 PH，峰半高宽 D。

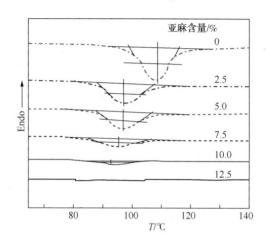

图4.20　复合材料在二次升温过程中冷结晶峰半高宽

4.3.3.3　结晶结构

从偏光显微镜下 PLA/Flax 复合材料的结晶形貌可知，纤维的加入及含量变化对球晶的尺寸、分布、是否生成串晶等都有影响。从 DSC 结果可得出纤维含量对复合材料玻璃化转变温度、熔点、结晶速率等的影响。为了研究纤维的加入及含量对结晶晶型的影响，对 PLA/Flax 复合材料做 WAXD 测试。为了研究温度对晶型的影响，样品分别在80℃和135℃下培养，之后做 WAXD 分析，结果分别如图4.21和图4.22所示。从图中可以看出无论培养结晶温度为80℃还是135℃，是纯聚乳酸还是 PLA/Flax 复合材料，均呈现出平缓的基线和尖锐衍射峰，显然属于高聚物晶态 WAXD 图样。

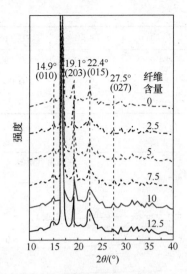

图 4.21　80℃下培养复合材料 WAXD 图

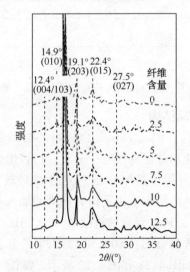

图 4.22　135℃下培养复合材料 WAXD 图

从图 4.21 可以看出，纯聚乳酸在衍射角为 16.7°、19.1°和 22.4°处出现衍射峰，分别对应聚乳酸的(110)/(200)、(203)和

（015）晶面。亚麻纤维加入以后，在 WAXD 图谱 2θ 为 14.9°和 27.5°处出现了新的衍射峰，分别对应聚乳酸的（010）和（027）晶面；且 2θ 为 19.1°处衍射峰增强。此外，随着纤维含量增加，$2\theta = 22.4$°处的衍射峰逐渐增加。以上变化均表明亚麻纤维加入使得聚乳酸的部分晶型从 α' 晶型转变为 α 晶型[286]。

图 4.22 显示了在 135℃下培养结晶的 WAXD 图谱，各衍射峰对应的晶面在图中已清楚标示。与纯聚乳酸相比，PLA/Flax 复合材料在 12.4°和 27.5°处新增了衍射峰，且在 19.1°和 22.4°处衍射峰增强，说明亚麻纤维加入使得聚乳酸的晶型发生了转变，部分结晶从 α' 晶型转变为 α 晶型[287]。

总言之，无论结晶培养温度为 80℃还是 135℃，纤维加入，均使得聚乳酸的部分 α' 晶型转变为 α 晶型。对比图 4.21 发现，在图 4.22 中 PLA/Flax 复合材料结晶在 $2\theta = 12.4$°出现了新衍射峰；而且在 $2\theta = 22.4$°处，PLA/Flax 复合材料衍射峰明显增强，表明聚乳酸在 135℃下比在 80℃下容易生成 α 晶型，即在高温下生成的结晶更稳定，熔点更高。

4.3.4 拉伸过程中裂纹的扩展

图 4.23 为纯聚乳酸和 PLA/Flax 复合材料薄膜拉伸后的偏光显微照片，箭头方向为银纹传播方向。纯聚乳酸在受张力作用后产生银纹，由于没有受到阻碍，银纹迅速向前发展、传播。相比之下，PLA/Flax 复合材料的银纹在传播过程中遇到了横在前面纤维，银纹尖端被钝化，传播过程受到极大地阻碍作用，大量银纹被挡在纤维后面。在更大拉力作用下，在纤维另一侧区域又有少数银纹产生并向前发展，又会遇到新的纤维继续阻碍其发展，如此反复，使得复合材料中银纹发展较为困难。如图 4.23（c）、（d）所示，沿着银纹传播方向，银纹数量越来越少。当然，在较大的拉力作用下纤维也会断裂，但纤维对银纹传播的阻碍作用在一定程度上提高了材料的强度和韧性。

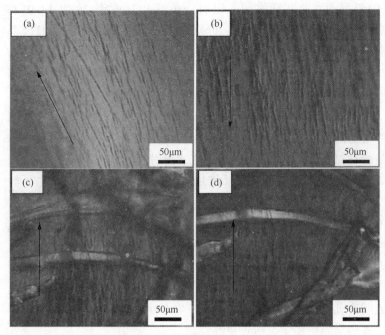

图 4.23 拉伸聚乳酸和 PLA/Flax 复合材料薄膜光学显微照片

(a)(b)纯聚乳酸，(c)(d)PLA/KF 复合材料；(a)(c)采用自然光，

(c)(d)采用偏正光；箭头方向表示银纹发展方向

4.3.5 增韧机理

结合实验结果和现象，探讨亚麻纤维增韧聚乳酸的机理，如图 4.24 所示。纯聚乳酸受到冲击力时，瞬间产生裂纹，裂纹没有任何阻碍顺利地迅速发展，使得样品断裂，如图 4.24(a)所示。因裂纹传播过程中没有阻碍(图 4.24)，断面较为平整、光滑(图 4.1、图 4.2)。

纤维在聚乳酸基质中随机分散，如图 4.1 所示，纤维轴向与作用力之间夹角大于等于 0°，而小于等于 90°。为了进一步探讨纤维轴向与力的方向成不同角度时的增韧机理，按夹角为 0°、90°和 0°~90°三种情况分别讨论，如图 4.24(b)、(c)、(d)所示。

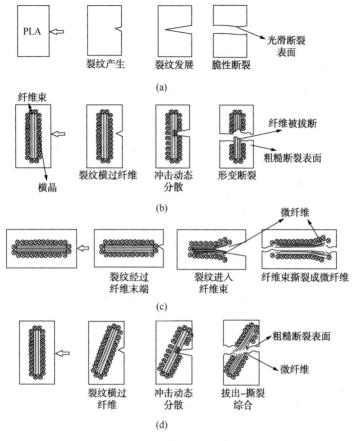

图 4.24　增韧机理示意图

(a)纯聚乳酸,纤维轴向与冲击力夹角呈(b)90°,(c)0°,(d)0°~90°

当纤维轴向与力的夹角成 90°时(图 4.24b),复合材料在冲击力作用下产生裂纹,裂纹向前发展遇到横在前面的纤维。由于纤维含量低时,容易引发生成横晶[见图 4.12(b)、(c)、(d)和图 4.13(b)、(c)、(d)],产生的裂纹在到达纤维表面之前必须先破坏纤维表面上的横晶,破坏结构密实的横晶需要吸收一定能量。当横晶破坏后,裂纹发展被纤维阻碍(图 4.23),使裂纹尖端钝化,作用面积扩大,作用在单位面积上的作用力变弱。当力作用在纤维上以后，纤维被拔断，在断面上留下纤维茬和孔洞[图4.2(b)]。纤维断裂后裂纹继续向前发展直至整个样品被破坏。在整个过程中，破坏横晶、裂纹尖端钝化、纤维拔断都能吸收能量、起到增韧的作用。

当纤维轴向与力夹角为0°时，复合材料在力的作用下产生裂纹，裂纹向前发展遇到纤维末端。在裂纹挤进纤维束内部之前，必须先破坏纤维末端的球晶[图4.14(c)、(d)]，破坏球晶需要吸收一定能量。裂纹挤进纤维束以后，把纤维束撕裂成微纤，在断面上出现如图4.2(c)所示的情况。在整个受力过程中，破坏球晶、撕裂纤维束需要吸收能量，可以起到增韧的作用。

实际上，夹角成0°和90°的情况是很少的，纤维轴向与力的方向之间的夹角大多为0°~90°。同样地，复合材料在力的作用下破坏球晶，裂纹发展被纤维阻碍，裂纹尖端钝化，单位面积上的作用力减弱，纤维以拔出-撕裂综合方式断裂[图4.2(d)]，整个过程中伴随着吸收能量，使材料韧性提高。

4.4　本章小结

制备了纤维含量为复合材料总质量2.5%、5.0%、7.5%、10.0%、12.5%、15%、20%的一系列PLA/Flax复合材料，主要研究了纤维含量对PLA/Flax复合材料静态/动态力学性能、耐热性能、吸水性能、结晶行为与结构的影响，首次提出纤维增韧聚乳酸的增韧机理，得出的主要结论如下：

(1) 纯聚乳酸断面平整、光滑，而复合材料断面粗糙；纤维在基质中均匀分散，纤维以拔断、撕裂、拔断-撕裂三种方式断裂。

(2) 随着纤维含量增加，复合材料储能模量逐渐增加，冷结晶温度呈指数函数降低。在玻璃化转变温度时，损耗因子随频率增加而降低。玻璃化转变温度随频率增加而升高。

(3) 随着纤维含量增加，复合材料的热分解温度呈线性降低。吸水率随浸泡时间呈指数函数增加，饱和吸水率随纤维含量呈线性增加，最高饱和吸水率达 1.7%。

（4）纯聚乳酸结晶时，球晶尺寸大小不一，大球晶直径达 200μm，复合材料球晶分布较为均一，球晶尺寸较小，纤维含量低于 7.5%时有明显的横晶或串晶生成；纤维起到结晶成核剂的作用，在纤维节点和末端更容易引发结晶。纤维加入，降低了聚乳酸的冷结晶温度，对熔融温度影响不大。在降温过程中，纤维含量越高，聚乳酸的结晶度和结晶速率越高；在升温过程中，纤维含量越高，冷结晶度和冷结晶速率越低。纤维加入和高温培养均有利于聚乳酸生成更为稳定的 α 晶型，纤维含量越高，结晶度越大。

（5）增韧机理：当纤维轴向与力的方向成 90°时，破坏纤维表面的横晶、裂纹发展被阻碍、纤维拔断都能发挥纤维对聚乳酸的增韧的作用；当夹角为 0°时，通过破坏球晶、撕裂纤维束吸收能量的方式起到增韧的作用；当夹角为 0°~90°时，破坏横晶、阻碍裂纹发展、纤维以拔断–撕裂的方式破坏等，均能提高聚乳酸的韧性。

参 考 文 献

[1] He Z, Li G, Chen J, et al. Pollution characteristics and health risk assessment of volatile organic compounds emitted from different plastic solid waste recycling workshops [J]. Environ Int, 2015, 77: 85~94.

[2] Briassoulis D, Hiskakis M, Karasali H, et al. Design of a European agrochemical plastic packaging waste management scheme-pilot implementation in Greece [J]. Resources Conservation and Recrcling, 2014, 87: 72~88.

[3] Bendahou D, Bendahou A, Grohens Y, et al. New nanocomposite design from zeolite and poly(lactic acid)[J]. Ind Crop Prod, 2015, 72: 107~118.

[4] Lv S, Gu J, Cao J, et al. Effect of annealing on the thermal properties of poly (lactic acid)/starch blends [J]. Int J Biol Macromol, 2015, 74: 297~303.

[5] Nalin P, Panuwat S, Duangduen A, et al. Blend of polypropylene/poly (lactic acid)for medical packaging application: physicochemical, thermal, mechanical, and barrier properties [J]. Energy Procedia, 2014, 56: 201~210.

[6] He Y, Hu Z, Ren M, et al. Evaluation of PHBHHx and PHBV/PLA fibers used as medical sutures [J]. J Mater Sci Mater M, 2014, 25(2): 561~571.

[7] Eduard M, Daniel V. Applicability of self-reinforced poly lactic acid in humeral transcondylar osteosynthesis [J]. Mater Plast, 2014, 51(4): 396~400.

[8] Pan J, Wu R, Dai X, et al. A hierarchical porous bowl-like PLA@ MSNs-COOH composite for pH-dominated long-term controlled release of doxorubicin and integrated nanoparticle for potential second treatment [J]. Macromolecules, 2015, 16(4): 1131~1145.

[9] Masoud F, Soodeh S. Magnetic nanoparticles-loaded PLA/PEG microspheres as drug carriers [J]. J Biomed Mater Res, 2015, 103(5): 1893~1898.

[10] Wang D, Lin H, Jiang J, et al. Fabrication of long-acting drug release property of hierarchical porous bioglasses/polylactic acid fibre scaffolds for bone tissue engineering [J]. IET Nanobiotechnolongy, 2014, 9(2): 58~65.

[11] Hablot E, Dharmalingam S, Hayes D G, et al. Effect of simulated weath-

ering on physicochemical properties and inherent biodegradation of PLA/ PHA nonwoven mulches [J]. J Polym Environ, 2014, 22(4): 417~429.

[12] Souza M A, Oliveira JE, Medeiros E S, et al. Controlled release of linalool using nanofibrous membranes of poly(lactic acid)obtained by electrospinning and solution blow spinning: A comparative study [J]. J Nanosci Nanotechno, 2015, 15(8): 5628~5636.

[13] Georgios K, Janice H, Eva A. Freshness maintenance of cherries ready for consumption using convenient, microperforated, bio-based packaging [J]. J Sci Agr, 2015, 95(5): 972~982.

[14] Christian H, Sebastian S, Christopher H. Influence of recycling of poly (lactic acid) on packaging relevant properties [J]. J Appl Polym Sci, 2015, 132(9): 41532(1~6).

[15] Gartner H, Li Y, Almenar E. Improved wettability and adhesion of polylactic acid/chitosan coating for bio-based multilayer film development [J]. Appl Surf Sci, 2015, 332: 488~493.

[16] Hong D W, Lai P L, Ku K L, et al. Biodegradable in situ gel-forming controlled vancomycin delivery system based on a thermosensitive mPEG-PLCPPA hydrogel [J]. Polym Degrad Stabil, 2013, 98(9): 1578~1585.

[17] Hong D W, Lai P L, Ku K L, et al. Biodegradable in situ gel-forming controlled vancomycin delivery system based on a thermosensitive mPEG-PLCPPA hydrogel [J]. Polym Degrad Stabil, 2013, 98(9): 1578~1585.

[18] Du Y, Yan N, Kortschot M T. A simplified fabrication process for biofiber-reinforced polymer composites for automotive interior trim applications [J]. J Mater Sci, 2014, 49(6): 2630~2639.

[19] Stankevich K S, Gudima A, Filimonov V D, et al. Surface modification of biomaterials based on high-molecular polylactic acid and their effect on inflammatory reactions of primary human monocyte - derived macrophages: Perspective for personalized therapy [J]. Mater sci eng, 2015, 51: 117~126.

[20] Arrieta M P, Fortunati E, Dominici F, et al. Bionanocomposite films

based on plasticized PLA – PHB/cellulose nanocrystal blends ［J］. Carbohyd Polym, 2015, 121: 265~275.

［21］Liu R, Cao J, Peng Y, et al. Physical, mechanical, and thermal properties of micronized organo-montmorillonite suspension modified wood flour/poly（lactic acid）Composites ［J］. Polym Compos, 2015, 36（4）: 731~738.

［22］李仲昀. 蓖麻油与L-丙交酯共聚物的合成及增韧改性聚乳酸的研究［D］. ［硕士学位论文］. 江苏: 江苏科技大学, 2014.

［23］Jeremy O, Philippe L, Jean-Marie R, et al. Toughening of polylactide by tailoring phase-morphology with P［CL-co-LA］random copolyesters as biodegradable impact modifiers ［J］. Eur Polym J, 2013, 49（4）: 914~922.

［24］孙姣霞. 基于新型PEG衍生物共聚改性聚乳酸的骨再生材料的研究［D］. ［博士学位论文］. 重庆: 重庆大学, 2012.

［25］石晓旭. 聚乳酸材料的增韧耐热改性研究［D］. ［硕士学位论文］. 上海: 东华大学, 2014.

［26］Achanai B, Nattawut C, Tanit J, et al. Preparation and characterization of PET – PLA copolyester from waste PET and Lactic Acid（LA）［J］. Chiang Mai J Sci, 2011, 38(4): 619~624.

［27］王宁宁. 聚乳酸共聚改性及纳米二氧化硅复合改性研究［D］. ［硕士学位论文］. 河南: 河南大学, 2012.

［28］宋英. 聚乳酸支化共聚物的制备及其缓释性能的研究［D］. ［硕士学位论文］. 河北: 河北大学, 2014.

［29］Wang D K, Varanasi S, Fredericks P M, et al. FT-IR characterization and hydrolysis of PLA-PEG-PLA based copolyester hydrogels with short PLA segments and a cytocompatibility study ［J］. J Polym Sci, 2013, 51（24）: 5163~5176.

［30］Kannaiyan S, Narayanan T G A, Sarathy P K, et al. Synthesis and kinetic studies on controlled release of 6 – thioguanine entrapped polyethylene glycol-co-polylactic acid polymer nanoparticles ［J］. Int J Chem React Eng, 2011, 9(1): 1542~6580.

［31］温自成. 聚乳酸的共聚改性及在农膜上的应用研究［D］. ［硕士学位论文］. 新疆: 石河子大学, 2014.

[32] 徐晓红. 生物可降解聚乳酸及其共聚物的制备与性能研究[D]. [硕士学位论文]. 安徽: 安徽大学, 2013.

[33] Zhao Q, Ding Y, Yang B, et al. Highly efficient toughening effect of ultrafine full-vulcanized powdered rubber on poly(lactic acid)(PLA)[J]. Polym Test, 2013, 32: 299~305.

[34] Cui L, Wang Z C, Zhu P. Tearing and rheological properties of fully biodegradable poly(lactic acid)/poly(ethylene glutaric-co-terephthalate)copolyester blends [J]. J Macromol Sci, 2013, 52(5): 674~684.

[35] Xiong Z, Yang Y, Feng J, et al. Preparation and characterization of poly (lactic acid)/starch composites toughened with epoxidized soybean oil [J]. Carbohyd Polym, 2013, 92: 810~816.

[36] Chen C, He B X, Wang S L, et al. Unexpected observation of highly thermostable transcrystallinity of poly(lactic acid)induced by aligned carbon nanotubes [J]. Eur Polym J, 2015, 63: 177~185.

[37] Murariu M, Dechief A L, Bonnaud L, et al. The production and properties of polylactide composites filled with expanded graphite [J]. Polym Degrad Stabil, 2010, 95: 889~900.

[38] Pedram M, Ismaeil G, Mohammad K, et al. Thermal stability and thermal degradation kinetics (model-free kinetics)of nanocomposites based on poly (lactic acid)/graphene: the influence of functionalization [J]. Polym Bull, 2015, 72(5): 1095~1112.

[39] Pinto A M, Moreira S, Goncalves I C, et al. Biocompatibility of poly (lactic acid)with incorporated graphene-based materials [J]. Colloid Surface B, 2013, 104: 229~238.

[40] Man C, Zhang C, Liu Y, et al. Poly (lactic acid)/titanium dioxide composites: Preparation and performance under ultraviolet irradiation [J]. Polym Degrad Stabil, 2012, 97: 856~862.

[41] Diao H, Si Y, Zhu A, et al. Surface modified ano-hydroxyapatite/poly (lactide acid) composite and its osteocyte compatibility [J]. Mater Sci Eng, 2012, 32: 1796~1801.

[42] Fortunati E, Armentano I, Iannoni A, et al. Development and thermal behaviour of ternary PLA matrix composites [J]. Polym Degrad Stabil, 2010, 95: 2200~2206.

[43] Fortunati E, Armentano I, Zhou Q, et al. Microstructure and nonisothermal cold crystallization of PLA composites based on silver nanoparticles and nanocrystalline cellulose [J]. Polym Degrad Stabil, 2012, 97: 2027~2036.

[44] Liu X Q, Wang D Y, Wang X L, et al. Synthesis of functionalized a-zirconium phosphate modified with in tumescent flame retardant and its application in poly(lactic acid)[J]. Polym Degrad Stabil, 2013: 1~7.

[45] Damia M I, Amalina M A, Mahshuri Y. Crystalline properties of polylactide acid - filled aragonite $CaCO_3$ derived from polymesoda bengalensis (lokan) shell [J]. Mater Res Innov, 2014, 18: 95~99.

[46] Shi N, Dou Q. Crystallization Behavior, morphology, and mechanical properties of poly(lactic acid)/tributyl citrate/treated calcium carbonate composites [J]. Polym Compos, 2014, 35(8): 1570~1582.

[47] 余雪江, 刘涛, 王建华, 等. 一种纤维自增强聚乳酸复合材料的成型方法. 塑料科技, 2011, 39(9): 69~73.

[48] Zhao Y Q, Cheung H Y, Lau K T, et al. Silkworm silk/poly(lactic acid) biocompo sites: dynamic mechanic al, thermal and biodegradable properties [J]. Polym Degrad Stabil, 2010, 95: 1978~1987.

[49] Das K, Ray D, Banerjee I, et al. Crystalline morphology of PLA/clay nanocomposite films and its correlation with other properties [J]. J Appl Polym Sci 2010, 118: 143~151.

[50] Chou P M, Mariatti M, Zulkifli A, et al. Evaluation of the flexural properties and bioactivity of bioresorbable PLLA/PBSL/CNT and PLLA/PBSL/TiO_2 nanocomposites [J]. Compos B, 2011, 43(3): 1374~1383.

[51] Oliveira N S, Oliveira J, Gomes T, et al. Gas sorption in poly(lactic acid) and packaging materials [J]. Fluid Phase Equilibr, 2004, 222(21): 317~324.

[52] Fukuzaki H, Yoshida M, Asano M, et al. Synthesis of biodegradable co-poly(l-lactic acid/aromatic hydroxy acids) with relatively low molecular weight [J]. Eur Polym J, 1990, 26(12): 1273~1277.

[53] Yaszemski M J, Payne R G, Hayes W C, Langer R, et al. Evolution of bone transplantation: molecular, cellular and tissue strategies to engineer human bone [J]. Biomaterials, 1996, 17: 175~185.

[54] Kricheldorf H R. Syntheses and application of polylactides [J]. Chemosphere, 2001, 43(1): 49~54.

[55] ZhaoY M, Wang Z Y, Yang F. Characterization of poly(D, L-lactic acid) synthesized by direct melt polymerization and its application in Chinese traditional medicine compound prescription microspheres [J]. J Appl Polym Sci, 2005, 97(1): 195~200.

[56] Chen G X, Kim H S, Kim E S, et al. Synthesis of high-molecular-weight poly(L-lactic acid) through the direct condensation polymerization of L-lactic acid in bulk state [J]. Eur Polym J, 2006, 42(2): 468~472.

[57] Cook A D, Hrkach J S, Gao N N, et al. Characterization and development of RGD-peptide-modified poly(lactic acid-co-lysine) as an interactive, resorbable biomaterial [J]. J Biomed Mater Res, 1997, 35: 513~516.

[58] Yang J, Shi G X, Bei J Z, et al. Fabrication and surface modification of macroporous poly(L-lactic acid) and poly(L-lactic-co-glycolic acid) (70/30) cell scaffolds for human skin fibroblast cell culture [J]. J Biomed Mater Res, 2002, 62(3): 438~446.

[59] Yoshinori O, Upkar B, Fotios P, et al. A Review of the Biocompatibility of Implantable Devices: Current Challenges to Overcome Foreign Body Response[J]. J Diabetes Sci Technol, 2008; 2(6): 1003~1015.

[60] Y Zhu, KS Chian, MB Chan-Park, et al. Protein bonding on biodegradable poly(l-lactide-co-caprolactone) membrane for esophageal tissue engineering [J]. Biomaterials, 2006, 27(1): 68~78.

[61] AD Cook, JS Hrkach, NN Gao, et al. Characterization and development of RGD-peptide-modified poly (lactic acid-co-lysine) as an interactive, resorbable biomaterial [J]. J Biomed Mater Res, 1997, 35 (4): 513~523.

[62] DA Barrera, E Zylstra, PT Lansbury, et al. Copolymerization and degradation of poly (lactic acid-co-lysine) [J]. Macromolecules, 1995, 28 (2): 425~432.

[63] Żenkiewicz M, Rytlewski P, Malinowski R, et al. Compositional, physical and chemical modification of polylactide [J]. Journal of Achievements in Materials and Manufacturing Engineering, 2010, 43 (1):

192~199.

[64] Liu H, Zhang J. Research progress in toughening modification of poly (lactic acid) [J]. J Polym Sci B：Polym Phys, 2011, 49：1051~1083.

[65] 陈炜. 聚乳酸的改性及其组织工程支架药物缓释研究. 天津：天津大学, 2004.

[66] Rahul M. Rasal. Suraface and Bulk Modification of Poly (lactic acid). America：Clemson University, 2009.

[67] 孙梁, 潘玛, 胡蕴玉等. 聚左旋乳酸/磷酸三钙支架修复兔桡骨缺损成骨效果及降解速度的观察 [J]. 中国临床康复, 2005, 9 (6)：236~238.

[68] 孟庆圆, 崔福, 斋朱宁等. 电纺丝方法制备卵磷脂改性聚乳酸血管组织工程支架材料 [J]. 生物骨科材料与临床研究, 2009, 6 (4)：42~45.

[69] 涂浩. 聚乳酸/壳聚糖复合膜的制备及神经营养因子检测方法研究 [D]. 武汉：武汉大学, 2006.

[70] Zhou W, Liu B, Dai X Z. Effect of basic amino acid on acid accumulation during poly (D, L-lactide-co-glycolide) degradation in vitro [J]. Journal of Clinical Rehabilitative Tissue Engineering Research, 2008, 12 (32)：5385~5388.

[71] Mike T, Masaka K, Imai Y, et al. Experience with freeze-dried PGLA/HA/rhBMP-2 as a bone graft substitute [J]. J Cranio Maxill Surg, 2000, 28 (5)：294~299.

[72] 贾舜宸. 原位聚合法制备 DL 聚乳酸/β-磷酸三钙复合骨修复材料及性能研究. 四川：四川大学, 2007.

[73] 于学丽. 聚乳酸亲水性改性研究及改性物体外药物释放研究. 山东：山东大学, 2006.

[74] 张玉祥, 张健泓, 汪晓根. 银杏叶有效成分的ε-己内酯改性聚乳酸缓释微丸制备和溶出度考察 [J]. 沈阳药科大学学报, 2007, 24 (5)：267~270.

[75] Mikos A G, Thorsen A J, Czerwonka L A, et al. Preparation and characterization of poly (L-lactic acid) foams [J]. Polymer, 1994, 35：1068~1077.

[76] Mikos A G, Bao Y, Cima L G, et al. Preparation of poly (glycolic acid)

bonded fiber structures for cell attachment and transplantation [J]. J Biomed Mat Res, 1993, 27: 183~189.

[77] Shastri V P, Martin I, Langer R. Macroporous polymer foams by hydrocarbon templating[J]. Proceedings of the National Academy of Sciences USA, 2000, 97(5): 1970~1975

[78] Ma P X, Choi J W. Biodegradable polymer scaffolds with well-defined interconnected spherical pore network [J]. Tissue Eng, 2001, 7 (1): 23~33.

[79] Harris L D, Kim B S, Mooney D J. Open pore biodegradable matrices formed with gas foaming[J]. J Biomed Mater Res, 1998, 42: 396~402.

[80] Murphy W L, Dennis R G, Kileny J L, et al. Salt fusion: an approach to improve pore interconnectivity within tissue engineering scaffolds [J]. Tissue Eng, 2002, 8(1): 43~52.

[81] 陈际达, 崔磊, 刘伟等. 溶剂浇铸/颗粒沥滤技术制备组织工程支架材料[J] 中国生物工程杂志, 2003, 23(4): 32~35.

[82] 陈际达, 刘伟, 崔磊等. 内部结构可控的大体积三维细胞支架制备研究 [J]. 中国生物工程杂志, 2006, 26(1): 1~5.

[83] 陈际达, 刘伟, 崔磊等. 离心粘结法制备孔隙连通的三维细胞支架. 中国生物工程杂志, 中国生物工程杂志, 2005, 25(10): 39~46.

[84] Henriksson M, Henriksson G, Berglund L A, et al. An environmentally friendly method for enzymeassisted preparation of microfibrillated cellulose (MFC)nanofibers [J]. Eur Polym J, 2007, 43: 3434~3441.

[85] Abe K, Iwamoto S, Yano H. Obtaining cellulosenanofibers with a uniform width of 15nm from wood [J]. Biomacromolecules, 2007, 8: 3276~3278.

[86] Siró I, Plackett D. Microfibrillated cellulose and new nanocomposite materials: a review [J]. Cellulose, 2010, 17: 459~494.

[87] Nogi M, Yano H. Optically transparent nanofiber sheetsby deposition of transparent materials: a concept for roll-to-roll processing [J]. Appl Phys Lett, 2009, 94(23): 1~3.

[88] Nogi M, Iwamoto S, Nakagaito AN, et al. Optically transparent nanofiber paper [J]. Adv Mater, 2009, 21: 1595~1598.

[89] Baheti V, Militky J, Marsalkova M. Mechanical properties of poly lactic

acid composite films reinforced with wet milled jute nanofibers [J]. Polym Compos, 2013, 34(12): 2133~2141.

[90] Song Y, Liu J, Chen S, et al. Mechanical properties of poly (Lactic Acid)/hemp fiber composites prepared with a novel method [J]. J Polym Environ, 2013, 21: 1117~1127.

[91] Farag M M. Quantitative methods of materials substitution application to automotive components [J]. Mater Design, 2008, 29(2): 374~380.

[92] Serizawa S, Inoue K, Iji M. Kenaf-fiber-reinforced poly(lactic acid) used for electronic products [J]. J Appl Polym Sci, 2006, 100: 618~624.

[93] Alemdar A, Sain M. Isolation and characterization of nanofibers from agricultural residues - wheat straw and soy hulls [J]. Bioresour Technol, 2008, 99: 1664~1671.

[94] Habibi Y, Vignon M R. Optimization of cellouronic acidsynthesis by TEMPO - mediated oxidation of cellulose III from sugar beet pulp [J]. Cellulose, 2008, 15: 177~185.

[95] Habibi Y, Mahrouz M, Vignon M R. Microfibrillated cellulose from the peel of prickly pear fruits [J]. Food Chem, 2009, 115: 423~429.

[96] Bhattacharya D, Germinario L T, Winter W T. Isolation, preparation and characterization of cellulose microfibers obtained from bagasse [J]. Carbohydr Polym, 2008, 73: 371~377.

[97] Zuluaga R, Putaux J L, Restrepo A, et al. Cellulose microfibrils from banana farming residues: isolation and characterization [J]. Cellulose, 2007, 14: 585~592.

[98] Bruce D M, Hobson R N, Farrent J W, et al. High-performance composites from low-cost plant primary cell walls [J]. Compos A, 2005, 36: 1486~1493.

[99] Morán J I, Alvarez V A, Cyras V P, et al. Extraction of cellulose and preparation of nanocellulose fromsisal fibers , 2008, Cellulose, 15: 149~159.

[100] Reddy N, Yang Y. Biofibers from agricultural by products for industrial applications [J]. Trends Biotechnol, 2005, 23: 22~27.

[101] Dinand E, Chanzy H, Vignon M R. Parenchymal cellcellulose from sugar beet pulp [J]. Cellulose, 1996, 3: 183~188.

[102] John M J, Thomas S. Biofibres and biocomposites [J]. Carbohydr Polym, 2008, 71: 343~364.

[103] John M J, Anandjiwala R D. Recent developments in chemical modification and characterization of natural fiber - reinforced composites [J]. Polym Compos, 2008, 29: 187~207.

[104] Zini E, Focarete M L, Noda1L, et al. Bio-composite of bacterial poly (3-hydroxybutyrate-co-3-hydroxyhexanoate) reinforced with vegetable fibers [J]. Compos Sci Technol, 2007, 67(10): 2085~2094.

[105] Oksman K, Mathew A P, Bondeson D, et al. Manufacturing process of cellulose whiskers/polylactic acid nanocomposites [J]. Compos Sci Technol, 2006, 66: 2776~2784.

[106] Sorrentino A, Gorrasi G, Vittoria V. Potential perspectives of bio-nanocomposites for food packaging applications [J]. Trends Food Sci Technol, 2007, 18: 84~95.

[107] Nakagaito A N, Fujimura A, Sakai T, et al. Production of microfibrillated cellulose (MFC) - reinforced polylactic acid (PLA) nanocomposites from steets obtained by a papermaking - like process [J]. Comp Sci Techn, 2009, 69: 1293~1297.

[108] Iwatake A, Nogi M, Yano H. Cellulose nanofiber-reinforced polylactic acid [J]. Compos Sci Technol, 2008, 68: 2103~2106.

[109] Suryanegara L, Nakagaito A N, Yano H. The effect ofcrystallization of PLA on the thermal and mechanical properties of microfibrillated cellulose-reinforced PLA composites [J]. Compos Sci Technol, 2009, 69: 1187~1192.

[110] Thunwall M, BoldizarA, Rigdahl M, et al. Processing and properties of mineral-interfaced cellulose fibre composites [J]. J Appl Polym Sci, 2008, 107(2): 918~992.

[111] Wang B, Sain M. Dispersion of soybean stock-basednanofiber in a plastic matrix [J]. Polym Int, 2007, 56: 538~546.

[112] Bhatnagar A, Sain M. Processing of cellulose nanofiberreinforced composites [J]. J Reinf Plast Compos, 2005, 24: 1259~1268.

[113] Wang B, Sain M, Oksman K. Study of structural morphology of hemp fiber from the micro to the nanoscale [J]. Appl Compos Mater, 2007,

14: 89~103

[114] Bisanda E T N. The effect of alkali treatment on the adhesion characteristics of sisal fibres. Applied Composite Materials, 2000, 7: 331~339.

[115] Alvarez V A, Vázquez A. Influence of fiber chemical modification procedure on the mechanical properties and water absorption of mater Bi-Y/sisal fiber composites [J]. Compos A, 2006, 37: 1672~1680.

[116] Nakagaito A N, Yano H. Toughness enhancement of cellulose nanocomposites by alkali treatment of the rein-forcing cellulose nanofibers [J]. Cellulose, 2008, 15: 323~331.

[117] Yuan H, Nishiyama Y, Kuga S. Surface esterification of cellulose by vapor-phase treatment with trifluoroacetic anhydride [J]. Cellulose, 2005, 12: 543~549.

[118] Tronc E, Hernández-Escobar CA, Ibarra-Gómez R, et al. Blue agave fiber esterification for the reinforcement of thermoplastic composites [J]. Carbohydr Polym, 2007, 67: 245~255.

[119] Mominul Haque M D, Rahman R, Nazrul Islam M D, et al. Mechanical properties of polypropylene composites reinforced with chemically treated coir and abaca fiber [J]. J Reinf Plast Composites, 2010, 29(15): 2253~2261.

[120] Shanks R A, Hodzic A, Ridderhof D. Composites of poly(lactic acid) with flax fibers modified by interstitial polymerization [J]. J Appl Polym Sci, 2006, 99: 2305~2313.

[121] Stenstad P, Andresen M, Tanem B S. Chemical surface modifications of microfibrillated cellulose [J]. Cellulose, 2008, 15(1): 35~45.

[122] Siqueira G, Bras J, Dufresne A. Cellulose whiskers versus microfibrils: Influence of the nature of the nanoparticle and its surface functionalization on the thermal and mechanical properties of nanocomposites [J]. Biomacromolecules, 2009, 10: 425~432.

[123] Wang B, Sain M. The effect of chemically coated nanofiber reinforcement on biopolymer based nanocomposites [J]. Bioresources, 2007, 2: 371~388

[124] Lönnberg H, Fogelström L, Samir M A S A, et al. Surface grafting of microfibrillated cellulose with poly(ε-caprolactone) synthesis and charac-

terization [J]. Eur Polym J, 2008, 44: 2991~2997.

[125] Orue A, Jauregi A, Pena-Rodriguez C, et al. The effect of surface mod-
ifications on sisal fiber properties and sisal/poly (lactic acid) interface ad-
hesion [J]. Compos B, 2015, 73: 132~138.

[126] Sajna V P, Mohanty S, Nayak S K. Hybrid green nanocomposites of poly
(lactic acid) reinforced with banana fibre and nanoclay [J]. J Reinf Plast
Compos, 2014, 33(18): 1717~1732.

[127] Paweena S, Athapol N, Vilai R. Mechanical properties of soy protein
based "green" composites reinforced with surface modified cornhusk fiber
[J]. Ind Crop Prod, 2014, 60: 144~150.

[128] Petinakis E, Yu L, Edward G, et al. Effect of matrix-particle interfacial
adhesion on the mechanical properties of poly(lactic acid)/wood-flour mi-
cro-composites [J]. J Polym Environ, 2009, 17: 83~94

[129] 冯彦洪, 沈寒知, 瞿金平, 等. PLA/蔗渣复合材料的制备及其性能
的研究[J]. 塑料工业, 2010, 38(1): 25~28.

[130] García M, Garmendia I, García J. Influence of natural fiber type in eco-
composites [J]. J Appl Polym Sci, 2008, 107: 2994~3004.

[131] Teramoto N, Urata K, Ozawa K, et al. Biodegradation of aliphatic poly-
ester composites reinforced by abaca fiber [J]. Polym Degrad Stabil,
2004, 86:

[132] 付宏业, 任天斌, 任杰. 马来酸酐接枝共聚物增容聚乳酸/改性淀粉
复合材料的制备与性能研究[J]. 工程塑料应用, 2008, 36(1):
11~14.

[133] Lee S H, Ohkita T. Mechanical and thermal flow properties of wood
flour-biodegradable polymer composites [J]. J Appl Polym Sci, 2003,
90(7): 1900~1905.

[134] Pracella M, Chionna D, Anguillesi I, et al. Function alization, compat-
ibilization and properties of polypropylene composites with Hemp fibres
[J]. Compos Sci Technol, 2006, 66(13): 2218~2230.

[135] Andresen M, Johansson L S, Tanem B S, et al. Properties and charac-
terization of hydrophobized microfibrillated cellulose [J]. Cellulose,
2006, 13: 665~677.

[136] Jandas P J, Mohanty S, Nayak S K. Renewable Resource-Based Bio-

composites of Various Surface Treated Banana Fiber and Poly Lactic Acid: Characterization and Biodegradability[J]. Journal of Polymers and the Environment, 2012, 20: 583~595.

[137] Sunil K, Sa K, Smita M, et al. Mechanical and fracture behavior of banana fiber reinforced Polylactic acid biocomposites [J]. International Journal of Plasticity Technology, 2010, 14: 57~87.

[138] Li S H, Wang C P, Zhuang X W, et al. Renewable Resource–Based Composites of Acorn Powder and Polylactide Bio–Plastic: Preparation and Properties Evaluation [J]. Journal Polymer Environment, 2011, 19: 301~311.

[139] Lee S H, Wang S Q. Biodegradable polymers/bamboo fiber biocomposite with bio–based coupling agent [J]. Composites: Part A, 2006, 37: 80~91.

[140] Huda M S, Mohanty A K, Drzal L T, et al. "Green" composites from recycled cellulose and poly(lactic acid): Physico–mechanical and morphological properties evaluation[J]. Journal of Materials Science, 2005, 40: 4221~4229.

[141] Bax B, Müssig J. Impact and tensile properties of PLA/Cordenka and PLA/flax composites Impact and tensile properties of PLA/Cordenka and PLA/flax composites [J]. Composites Science and Technology, 2008, 68: 1601~1607.

[142] Balnois E, Busnel F, Baley C, et al. An AFM study of the effect of chemical treatments on the surface microstructure and adhesion properties of flax fibres[J]. Composite Interfaces, 2007, 14(7): 715~731.

[143] Troëdec M. L, Rachini A, Peyratout C, et al. Influence of chemical treatments on adhesion properties of hemp fibres [J]. Journal of Colloid and Interface Science, 2011, 356: 303~310.

[144] Samir M M, Pakzad A, Amin A, et al. Chemical and nanomechanical analysis of rice husk modified by ATRP–grafted oligomer[J]. Journal of Colloid and Interface Science, 2011, 360: 377~385.

[145] Raj G, Balnois E, Helias M A, et al. Measuring adhesion forces between model polysaccharide films and PLA bead to mimic molecular interactions in flax/PLA biocomposite [J]. Journal of Materials Science,

2012, 47: 2175~2181.

[146] Frone A N, Berlioz S, Chailan J F, et al. Morphology and thermal properties of PLA – cellulose nanofibers composites [J]. Carbohydrate Polymers, 2013, 91: 377~384.

[147] Pakzad A, Simonsen J, Reza S Y. Gradient of nanomechanical properties in the interphase of cellulose nanocrystal composites[J]. Composites Science and Technology, 2012, 72: 314~319.

[148] Raj G, Balnois E, Baley C, et al. Probing cellulose/polylactic acid teractions in model biocomposite by colloidal force microscopy[J]. Colloids and Surfaces A, 2009, 352: 47~55.

[149] 李兆乾. 大分子偶联剂的合成及其对天然纤维/复合材料的界面改性 [D]. [博士学位论文]. 上海: 华东理工大学, 2010.

[150] Alimuzzaman S, Gong R H, Akonda M. Three–dimensional nonwoven flax fiber reinforced polylactic acid biocomposites [J]. Polym Compos, 2014, 35(7): 1244~1252.

[151] Graupner N, Rößler J, Ziegmann G, et al. Fibre/matrix adhesion of cellulose fibres in PLA, PP and MAPP: A critical review of pull–out test, microbond test and single fibre fragmentation test results [J]. Compos A, 2014, 63: 133~148 .

[152] Kobayashi S, Takada K. Processing of unidirectional hemp fiber reinforced composites with micro–braiding technique [J]. Compos A, 2013, 46: 173~179.

[153] Rawi N F M, Jayaraman K, Bhattacharyya D. A performance study on composites made from bamboo fabric and poly(lactic acid)[J]. J Reinf Plast Compos, 2013, 32(20): 1513~1525.

[154] Siengchin S, Wongmanee S. Mechanical and impact properties of PLA/ 2×2 twill and 4×4 hopsack weave flax textile composites produced by the interval hot pressing technique [J]. Mech Compos Mater, 2014, 50 (3): 387~394.

[155] Bajpai P K, Singh I, Madaan J. Tribological behavior of natural fiber reinforced PLA composites [J]. Wear 2013, 297: 829~840.

[156] Duc F, Bourban P E, Plummer C J G, et al. Damping of thermoset and thermoplastic flax fibre composites [J]. Compos A, 2014, 64:

115~123.

[157] Zuhri M Y M, Guan Z W, Cantwell W J. The mechanical properties of natural fibre based honeycomb core materials [J]. Compos B, 2014, 58: 1~9.

[158] 巫丽英. 麦秆/聚乳酸绿色复合材料的制备及界面性能改善[D]. [硕士学位论文]. 上海：东华大学, 2013.

[159] Siengchin S. Reinforced flax mat/modified polylactide (PLA) composites: impact, thermal, and mechanical properties [J]. Mech Compos Mater, 2014, 50(2): 257~266.

[160] Alimuzzaman S, Gong R H, Akonda M. Biodegradability of nonwoven flax fiber reinforced polylactic acid biocomposites [J]. Polym Compos, 2014, 35(11): 2094~2102.

[161] Nassiopoulos E, Njuguna J. Thermo–mechanical performance of poly (lactic acid)/flax fibre–reinforced biocomposites [J]. Mater Design, 2015, 66: 473~485.

[162] Hallila T, Maijala P, Vuorinen J, et al. Enzymatic pretreatment of seed flax and polylactide–commingled nonwovens for composite processing [J]. J Thermoplast Compos Mater, 2014, 27(10): 1387~1398.

[163] Wu T L, Chien Y C, Chen T Y, et al. The influence of hot–press temperature and cooling rate on thermal and physic mechanical properties of bamboo particle–polylactic acid composites [J]. Holzforschung, 2013, 67: 325~331.

[164] 庾斌. 表面改性苎麻/ PLA 复合材料的界面及力学性能研究[D]. [硕士学位论文]. 上海：东华大学, 2013.

[165] 胡建鹏. 基于改性工业木质素制备环境友好型木质复合材料的研究 [D]. [硕士学位论文]. 黑龙江：东北林业大学, 2013.

[166] 刘一楠. 冷却速率及纤维形态对木纤维/聚乳酸复合材料性能的影响 [D]. [硕士学位论文]. 北京：中国林业科学研究, 2014.

[167] Rozite L, Varna J, Joffe R, et al. Nonlinear behavior of PLA and lignin–based flax composites subjected to tensile loading [J]. J Thermoplast Compos Mater, 2011, 26(4): 476~496.

[168] Baek B San, Park J W, Lee B H, et al. Development and application of green composites: using coffee ground and bamboo flour [J]. J Polym

Environ, 2013, 21: 702~709.

[169] Ho M P, Lau KT. Enhancement of impact resistance of biodegradable polymer using bamboo charcoal particles [J]. Mater Lett, 2014, 136: 122~125.

[170] Duigou A L, Bourmaud A, Davies P, et al. Long term immersion in natural seawater of flax/PLA biocomposite [J]. Ocean Eng, 2014, 90: 140~148.

[171] Gunning M A, Geever L M, Killion J A, et al. The effect of processing conditions for polylactic acid based fibre composites via twin-screw extrusion [J]. J Reinf Plast Compos, 2014, 33(7): 648~662.

[172] Shubhashini O, Haibin N, Ian F, et al. Effect of surface treatment on thermal stability of the hemp-PLA composites: Correlation of activation energy with thermal degradation [J]. Compos B, 2014, 67: 227~232.

[173] Rahman M M, Afrin S, Haque P, et al. Preparation and characterization of jute cellulose crystals-reinforced poly(L-lactic acid) biocomposite for biomedical applications [J]. Int J Chem Eng, 2014: 842147(7pp).

[174] Kwon H J, Sunthornvarabhas J, Park J W, et al. Tensile properties of kenaf fiber and corn husk flour reinforced poly(lactic acid) hybrid biocomposites: Role of aspect ratioof natural fibers [J]. Compos B, 2014, 56: 232~237.

[175] Moigne N L, Longerey M, Taulemesse J M, et al. Study of the interface in natural fibres reinforced poly(lactic acid) biocomposites modified by optimized organic silane treatments [J]. Ind Crop Prod, 2014, 52: 481~494.

[176] Tran T P T, Bénézet J C, Bergeret A. Rice and einkorn wheat husks reinforced poly(lacticacid)(PLA)biocomposites: effects of alkaline and silane surface treatments of husks [J]. Ind Crop Prod, 2014, 58: 111~124.

[177] 刁华鑫. 聚乳酸复合材料的制备与性能研究[D]. [硕士学位论文]. 江苏: 扬州大学, 2011.

[178] Shakoor A, Muhammad R, Thomas N L, et al. Mechanical and thermal characterisation of poly (L-lactide)composites reinforced with hemp fibres [C]. Journal of Physics: Conference Series, 2013, (451)012010.

[179] Eng C C, Ibrahim N A, Zainuddin N, et al. Impact strength and flexural properties enhancement of methacrylate silane treated oil palm mesocarp fiber reinforced biodegradable hybrid composites [J]. The Scientific World J, 2014, 203180: 1~8.

[180] 梁晓斌. 汉麻/聚乳酸全降解复合材料的制备及性能研究[D]. [硕士学位论文]. 辽宁: 大连理工大学, 2010.

[181] Majhi S K, Nayak S K, Mohanty S, et al. Mechanical and fracture behavior of banana fiber reinforced polylactic acid biocomposites [J]. Int J Plast Technol, 2010, 14 (1): 57~75.

[182] Sis A L M, Ibrahim N A, Yunus W M Z W. Effect of (3-aminopropyl) trimethoxysilane on mechanical properties of PLA/PBAT blend reinforced kenaf fiber [J]. Iran Polym J, 2013, 22: 101~108.

[183] Okubo K, Fujii T, Thostenson E T. Multi-scale hybrid biocomposite: processing and mechanical characterization of bamboo fiber reinforced PLA with microfibrillated cellulose [J]. Compos A, 2009, 40: 469~475.

[184] Fortunati E, Puglia D, Kenny J M, et al. Effect of ethylene-co-vinyl acetate-glycidylmeth acrylate and cellulose microfibers on the thermal, rheological and biodegradation properties of poly (lactic acid) based systems [J]. Polym Degrad Stabil, 2013, 98: 2742~2751.

[185] 宋丽贤, 姚妮娜, 宋英泽, 等. 木粉聚乳酸可降解复合材料性能研究[J]. 功能材料, 2014, 5(45): 5037~5044.

[186] 秦利军. 稻草/聚乳酸复合材料的制备及其界面改性研究[D]. [硕士学位论文]. 兰州: 兰州大学, 2011.

[187] Katalin B, Beata S, Attila M, et al. Flax fibre reinforced PLA/TPS biocomposites flame retarded with multifunctional additive system [J]. Polym Degrad Stabil, 2014, 106: 63~73.

[188] Tawakkal I S M A, Cran M J, Bigger S W. Effect of kenaf fibre loading and thymol concentration on themechanical and thermal properties of PLA/kenaf/thymol composites [J]. Ind Crop Prod, 2014, 61: 74~83.

[189] Yakubu M K, Kumar R, Anandjiwala R D. Flax fibre reinforced poly lactic acid composites by solvent-casting method [J]. World J Eng. 1249~1250.

[190] Baheti V, Mishra R, Militky J, et al. Influence of noncellulosic contents

on nano scale refinement of waste jute fibers for reinforcement in polylactic acid films [J]. Fiber Polym, 2014, 15(7): 1500~1506.

[191] 肖同姊. 聚乳酸/天然纤维复合材料制备与性能研究[D]. [硕士学位论文]. 天津: 天津科技大学, 2011.

[192] 宋亚男. 聚乳酸基复合材料的性能与结构研究[D]. [博士学位论文]. 辽宁: 大连理工大学, 2013.

[193] Liu L, Kang W, Cheng B, et al. PLA nanofibers electrospun from system of low toxicity solvent [J]. Adv Mater Res, 2011, 221: 657~661.

[194] Coles S R, Jacobs D K, Meredith J O, et al. A design of experiments (DoE) approach to material properties optimization of electrospun nanofibers [J]. J Appl Polym Sci, 2010, 117: 2251~2257.

[195] 李玉洁, 姚军燕, 陈明河, 等. 聚乳酸静电纺丝纳米纤维及其药物缓释体系[J]. 高分子材料科学与工程, 2014, 30(6): 147~151.

[196] 施庆锋. 基于聚乳酸的生物可降解复合材料的制备和研究[D]. [博士学位论文]. 上海: 华东理工大学, 2011.

[197] Arao Y, Fujiura T, Itani S, et al. Strength improvement in injection-molded jute-fiber-reinforced polylactide green-composites [J]. Compos B, 2015, 68: 200~206.

[198] Yang Y, Murakami M, Hamada H. Molding method, thermal and mechanical properties of jute/PLA injection molding [J]. J Polym Environ, 2012, 20: 1124~1133.

[199] Fujiura T, Okamoto T, Tanaka T, et al. Improvement of mechanical properties of long jute fiber reinforced polylactide prepared by injection-molding process. WIT Trans Ecol Environ [J], 2010, 138: 181~188.

[200] Pirani S, Abushammala H M N, Hashaikeh R. Preparation and characterization of electrospun PLA/nanocrystalline cellulose-based composites [J]. J Appl Polym Sci, 2013, 130(5): 3345~3354.

[201] Linganiso L Z, Bezerra R, Bhat S, et al. Pultrusion of flax/poly(lactic acid)commingled yarns and nonwoven fabrics [J]. J Thermoplast Compos Mater, 2014, 27(11): 1553~1572.

[202] Lee B H, Kim H S, Lee S, et al. Bio-composites of kenaf fibers in polylactide: Role of improved interfacial adhesion in the carding process

[J]. Compos Sci Technol, 2009, 69 (15-16): 2573~2579.

[203] 赵永清. 植物纤维/聚烯烃体积拉伸制备加工技术研究[D]. [博士学位论文]. 广东: 华南理工大学, 2012.

[204] Jandas P J, Mohanty S, Nayak S K. Renewable resource-based biocomposites of various surface treated banana fiber and poly lactic acid: Characterization and biodegradability [J]. J Polym Environ, 2012, 20: 583~595.

[205] Sreenivasans S, Bhamaiyer P, Krishna Iyer K R. Influence of delignification and alkali treatment on the fine structure of coir fibres (Cocos Nucifera)[J]. J Mater Sci. 1996, 31: 721~726.

[206] Gassan J, Bledzki A K. Possibilities for improving the mechanical properties of jute/epoxy composites by alkali treatment of fibres [J]. Compos Sci Technol . 1999, 59(9): 1303~1309.

[207] 邓长勇, 张秀成. 聚乳酸/酯化纤维素复合材料的制备与表征 [J]. 中国塑料, 2009, 23(7): 18~22.

[208] Liu C F, Sun R C, Qin M H, et al. Chemical modification of ultrasound-pretreated sugarcane bagasse with maleic anhydride [J]. Ind Crop Prod, 2007, 26: 212~219.

[209] Chang S T, Chang H T. Comparisons of the photostability of esterified wood [J]. Polym Degrad Stabil, 2001, 71: 261~266.

[210] 卢仁杰, 韩冰, 李锦春. GF增强PLA复合材料的界面设计及性能研究[J]. 工程塑料应用, 2010, 38(4): 25~29.

[211] Dey M, Deitzel J M, Gillespie J W, et al. Influence of sizing formulations on glass/epoxy interphase properties [J]. Compos A, 2014, 63: 59~67.

[212] Zeng X, Yu S, Sun R, et al. Mechanical reinforcement while remaining electrical insulation of glass fibre/polymercomposites using core-shell CNT@SiO 2 hybrids as fillers [J]. Compos A, 2015, 73: 260~268.

[213] Nielsen L E, Landel R F. Mechanical properties of polymers and Composites [M]. New York : Marcel Dekker Inc., 1994.

[214] Kulma A, Zuk M, Long S H, et al. Biotechnology of fibrous flax in Europe and China [J]. Ind Crop Prod, 2015, 68: 50~59.

[215] Kulma A, Skórkowska-Telichowska K, Kostyn K, et al. New flax pro-

ducing bioplastic fibers for medical purposes [J]. Ind Crop Prod, 2015, 68: 80~89.

[216] Santos F A, Tavares M I B. Development of biopolymer/cellulose/silica nanostructured hybrid materials and their characterization by NMR relaxometry [J]. Polym Test, 2015, 47: 92~100.

[217] Sawpan M A, Pickering K L, Fernyhough A. Improvement of mechanical performance of industrial hemp fibre reinforced polylactide biocomposites [J]. Compos A, 2011, 42: 310~319.

[218] Wang S, Li Y, Xiang H, et al. Low cost carbon fibers from bio-renewable lignin/poly(lactic acid) (PLA) blends [J]. Compos Sci Technol, 2015, 119: 20~25.

[219] Church J S, Voda A S, Sutti A, et al. A simple and effective method to ameliorate the interfacial properties of cellulosic fibre based bio - composites using poly (ethylene glycol) based amphiphiles [J]. Eur Polym J, 2015, 64: 70~78.

[220] Lu T, Liu S, Jiang M, et al. Effects of modifications of bamboo cellulose fibers on the improved mechanical properties of cellulose reinforced poly (lactic acid) composites [J]. Compos B, 2014, 62: 191~197.

[221] Yu T, Li Y, Ren J. Preparation and properties of short natural fiber reinforced poly (lactic acid) composites [J]. Nonferrous Met Soc China, 2009, 19: 651~655.

[222] Lu T, Jiang M, Xu X, et al. The effects on mechanical properties and crystallization of poly (L-lactic acid) reinforced by cellulosic fibers with different scales [J]. J Appl Polym Sci, 2014, 41077: 1~8.

[223] Rytlewski P, Moraczewski K, Malinowski R, et al. Assessment of dicumyl peroxide ability to improve adhesion between polylactide and flax or hemp fibres [J]. Compos Interface, 2014, 21(8): 671~683.

[224] Lee S H, Wang S Q. Biodegradable polymers/bamboo fiber biocomposite with bio-based coupling agent [J]. Compos A, 2006, 37: 80~91.

[225] Huda M S, Mohanty A K, Drzal L T, et al. "Green" composites from recycled cellulose and poly (lactic acid): physico-mechanical and morphological properties evaluation [J]. J Mater Sci, 2005, 40: 4221 ~ 4229.

［226］何曼君，张红东，陈维孝，等. 高分子物理第三版［M］. 上海：复旦大学出版社，1990，164~170.

［227］夏学莲，刘文涛，朱诚身，等. PET/PLA 共混物相容性和结晶性能的研究. 中国塑料，2012，26(4)：35~39.

［228］Perkins W G. Polymer toughness and impact resistance［J］. Polym. Eng. Sci. 1999，39，2445~2460.

［229］Ohlberg S M，Roth J，Raff R A V. Relationship between impact strength and spherulite growth in linear polyethylene［J］. J Appl Polym Sci. 1959，1：114~120.

［230］Masirek R，Kulinski Z，Chionna D，et al. Composites of poly（L‐lactide）with hemp fibers：morphology and thermal and mechanical properties［J］. J Appl Polym Sci，2007，105：255~268.

［231］朱诚身. 聚合物结构分析［M］. 北京：科学出版社，2005，520~525.

［232］Zou G X，Jiao Q W，Zhang X，et al. Crystallization behavior and morphology of poly（lactic acid）with a novel nucleating agent［J］. J Appl Polym Sci，2015，41367：1~8.

［233］张瑞静. 原位研究温度变化对 PLA 冷结晶行为及桑蚕丝结构的影响［D］.［硕士学位论文］. 河南：郑州大学，2013.

［234］Kawai T，Rahman N，Matsuba G，et al. Crystallization and melting behavior of poly（L‐lactic acid）［J］. Macromolecules，2007，40（26）：1036~1043

［235］Li F J，Zhang S D，Liang J Z，et al. Effect of polyethylene glycol on the crystallization and impact properties of polylactide‐based blends［J］. Polymr Adv Technol，2015，26：465~475.

［236］Zhou C，Li H，Zhang Y，et al. Deformation and structure evolution of glassy poly（lactic acid）below the glass transition temperature［J］. Crystengcomm，2015，17：5651~5663.

［237］Lv R，Na B，Tian N，et al. Mesophase formation and its thermal transition in the stretched glassy polylactide revealed by infrared spectroscopy［J］. Polym，2011，52：4979~4984.

［238］Munch E，Pelletier J M，Sixou B，et al. Characterization of the drastic increase in molecular mobility of a deformed amorphous polymer［J］.

138

Phys Rev Lett, 2006, 97: 1~4.

[239] Marec P E L, Ferry L, Quantin J C, et al. Influence of melt processing conditions on poly(lactic acid) degradation: Molar mass distribution and crystallization. Polym Degrad Stabil, 2014, 110: 353~363.

[240] Lebarbé T, Grau E, Alfos C, et al. Fatty acid-based thermoplastic poly (ester-amide) as toughening and crystallization improver of poly(L-lactide)[J]. Eur Polym J, 2015, 65: 276~285.

[241] Ye S, Lin T T, Tjiu W W, et al. Rubber toughening of poly(lactic acid): effect of stereocomplex formation at the rubber-matrix interface [J]. J Appl Polym Sci, 2013, 38568: 2541~2547.

[242] C Zhang, W Wang, Y Huang, et al. Thermal, mechanical and rheological properties of polylactide toughened by expoxidized natural rubber [J]. Mater Design 2013, 45: 198~205.

[243] Zhang X, Koranteng E, Wu Z, et al. Structure and properties of polylactide toughened by polyurethane prepolymer [J]. J Appl Polym Sci, 2016, 42983: 1~7.

[244] Adomavičiūtė E, Baltušnikaitė J, Jonaitienė V, et al. Formation and properties of textile biocomposites with PLA matrix reinforced with flax and flax/PLA weft knitted fabrics [J]. FIBRES & TEXTILES in Eastern Europe, 2015, 23: 45~50.

[245] Mohamad Haafiz M K, Hassan A, Abdul Khalil H P S, et al. Exploring the effect of cellulose nanowhiskers isolated from oil palmbiomass on polylactic acid properties [J]. Int J Biol Macromol, 2016, 85: 370~378.

[246] Song Y, Tashiro K, Xu D, et al. Crystallization behavior of poly(lactic acid)/microfibrillated cellulose composite [J]. Polymer 2013, 54: 3417~3425.

[247] Wokadala O C, Ray S S, Bandyopadhyay J, et al. Morphology, thermal properties and crystallization kinetics of ternary blends of the polylactide and starch biopolymers and nanoclay: The role of nanoclay hydrophobicity [J]. Polymer, 2015, 71: 82~92.

[248] Xue P, Wang K, Jia M, et al. Biodegradation and Mechanical Property of Polylactic Acid/Thermoplastic Starch Blends with Poly (ethylene glycol)[J]. J Wuhan Univ Technol, 2013, 28: 157~162.

[249] Chumeka W, Tanrattanakul V, Pilard J F, et al. Effect of poly(vinyl acetate)on mechanical properties and characteristics of poly(lactic acid)/natural rubber blends [J]. J Polym Environ, 2013, 21: 450~460.

[250] Zhuo L, Chen Y, Ding W, et al. Filling behavior, morphology evolution and crystallization behavior of microinjection molded poly(lactic acid)/hydroxyapatite nanocomposites [J]. Compos A, 2015, 72: 85~95.

[251] Basilissi L, Silvestro G D, Farina H, et al. Synthesis and characterization of PLA nanocomposites containing nanosilica modified with different organosilanes II: effect of the organosilanes on the properties of nanocomposites: thermal characterization [J]. J Appl Polym Sci, 2013, 3057~3063.

[252] C Y Hung, C C Wang, C Y Chen, et al. Enhanced the thermal stability and crystallinity of polylactic acid (PLA) by incorporated reactive PS-b-PMMA-b-PGMA and PS-b-PGMA block copolymers as chain extenders [J]. Polymer 2013, 54: 1860~1866.

[253] Ge H, Yang F, Hao Y, et al. Thermal, mechanical, and rheological properties of plasticized poly(L-lactic acid)[J]. J Appl Polym Sci, 2013, 37620: 2832~2839.

[254] Wang L, Wang Y, Huang Z, et al. Heat resistance, crystallization behavior, and mechanical properties of polylactide/nucleating agent composites [J]. Mater Design, 2015, 66: 7~15.

[255] Fehri M K, Mugoni C, Cinelli P, et al. Composition dependence of the synergistic effect of nucleating agent and plasticizer in poly(lactic acid): A Mixture Design study [J]. Express Polym Lett, 2016, 10: 274~288.

[256] Ma P, Xu Y, Wang D, et al. Rapid crystallization of poly(lactic acid)by using tailor-made oxalamide derivatives as novel soluble-type nucleating agents [J]. J Am Chem Soc, 2014, 53: 12888~12892.

[257] Pilla S, Kramschuster A, Lee J, et al. Microcellular and solid polylactide-flax fiber composites [J]. Compos Interface, 2009, 16: 869~890.

[258] Pilla S, Gong S, O'Neill E, et al. Polylactide-recycled wood fiber composites [J]. J Appl Polym Sci, 2009, 111: 37~47.

[259] 张志英, 曹振林. PA6/PET 共混物的非等温结晶动力学研究 [J]. 合成纤维工业. 1995, 18(6): 14~17.

［260］宋正红. 表面修饰聚氧化乙烯粒子的结晶过程研究［D］.［硕士学位论文］. 天津：天津工业大学，2006.

［261］汪克风，麦堪成，曾汉民. 成核 PP 注塑样品的非等温结晶行为与熔融特性［J］. 高分子材料科学与工程，2001，17(2)：125~128.

［262］Fortunati E, Puglia D, Santulli C, et al. Biodegradation of Phormium tenax/Poly(lactic acid)Composites ［J］. J Appl Polym Sci, 2012, 125：562~572

［263］Tawakkal I S M A, Cran M J, Bigger S W. Interaction and quantification of thymol in active PLA-based materials containing natural fibers ［J］. J Appl Polym Sci, 2016, 42160：1~11.

［264］Goriparthi B K, Suman K N S, Rao N M. Effect of fiber surface treatments on mechanical and abrasive wear performance of polylactide/jute composites ［J］. Compos A, 2012, 43：1800~1808.

［265］Morandim-Giannetti A A, Agnelli J A M, Lancas B Z, et al, Lignin as additive in polypropylene/coir composites：thermal, mechanical and morphological properties ［J］. Carbohydr Polym, 2012, 87：2563~2568.

［266］Gordobil O, Delucis R, Egüés I, et al. Kraft lignin as filler in PLA to improve ductility and thermal properties ［J］. Ind Crop Prod, 2015, 72：46~53.

［267］易勇. PA66/MOS/PTFE 复合材料的制备与性能研究 ［D］.［硕士学位论文］. 郑州：郑州大学，2014.

［268］Song Y S, Lee J T, Ji D S, et al. Viscoelastic and thermal behavior of woven hemp fiber reinforced poly(lactic acid)composites ［J］. Compos B, 2012, 43：856~860.

［269］Das K, Ray S S, Chapple S, et al. Mechanical, thermal, and fire properties of biodegradable polylactide/boehmite alumina composites ［J］. Ind Eng Chem Res, 2013, 52：6083~6091.

［270］Liu X, Wang T, Chow L C, et al. Effects of inorganic fillers on the thermal and mechanical properties of poly(lactic acid)［J］. International Journal of Polymer Science, 2014, 2014：1~8.

［271］Siengchin S, Pohl T, Medina L. Structure and properties of flax/polylactide/alumina nanocomposites ［J］. J Reinf Plast Compos, 2013, 32(1)：23~33.

[272] Gao C, Bao X, Yu L, et al. Thermal properties and miscibility of semi-crystalline and amorphous PLA blends [J]. J Appl Polym Sci, 2014, 41205: 1~7.

[273] Shi X, Li Q, Zheng A. Effects of heat treatment on the damping of EVM/PLA blends modified with polyols [J]. Polym Test, 2014, 35: 87~91.

[274] Xiong Z, Ma S, Fan L, et al. Surface hydrophobic modification of starch with bio-based epoxy resins to fabricate high-performance polylactide composite materials [J]. Compos Sci Technol, 2014, 94: 16~22.

[275] Yu T, Ren J, Li S, et al. Effect of fiber surface-treatments on the properties of poly(lactic acid)/ramie composites [J]. Compos A, 2010, 41: 499~505.

[276] Yew G H, Yusof A M M, Ishak Z A M, et al. Water absorption and enzymatic degradation of poly(lactic acid)/rice starch composites [J]. Polym Degrad Stabil, 2015, 90: 488~500.

[277] Ke T Y, Sun X Z, Seib P. Blending of poly(lactic acid) and starches containing varying amylose content [J]. J Appl Polym Sci, 2003, 89: 3639~3646.

[278] Tham W L, Poh B T, Ishak Z A M, et al. Epoxidized natural rubber toughened poly(lactic acid)/halloysite nanocomposites with high activation energy of water diffusion [J]. J Appl Polym Sci, 2016, 42850: 1~9.

[279] Das S, Saha A K, Choudhury P K, et al. Effect of steam pretreatment of jute fiber on dimensional stability of jute composite [J]. J App Polym Sci, 2000, 76: 1652~1661.

[280] Eng C C, Ibrahim N A, Zainuddin N, et al. Enhancement of mechanical and dynamic mechanical properties of hydrophilic nanoclay reinforced polylactic acid/polycaprolactone/oil palm mesocarp fiber hybrid composites [J]. Int J Polym Sci, 2014, 715801: 1~8.

[281] Dogan S K, Reyes E A, Rastogi S, et al. Reactive compatibilization of PLA/TPU blends with a diisocyanate [J]. J Appl Polym Sci, 2014, 40251: 1~10.

[282] Hao Y, Ge H, Han L, et al. Thermam and mechanical properties of polylactide toughened with A butylarylate-rthyl acrylate-glycidyl methac-

rylate copolymer[J]. Chinese J Polym Sci, 2013, 31 (11): 1519~
1527.

[283] Hammer C F, Koch T A, Whitney J F. Fine structure of acetal resins
and its effect on mechanical properties[J]. J Appl Polym Sci. 1959, 1:
169~178.

[284] Liu G, Zhang X, Wang D. Tailoring crystallization: towards high-per-
formance poly(lactic acid)[J]. Adv Mater, 2014, 26: 6905~6911.

[285] Zhang Y, Deng B Y, Liu Q S. Rheology and crystallisation of PLA con-
taining PLA - grafted nanosilica [J]. Plast Rubber Compos, 2014, 43
(9): 309~314.

[286] Pan P, Zhu B, Kai W, et al. Polymorphic transition in disordered poly
(L-lactide) crystals induced by annealing at elevated temperatures[J].
Macromolecules, 2008, 41: 4296~4304.

[287] Qi Z, Yang Y, Xiong Z, et al. Effect of aliphatic diacyl adipic dihydraz-
ides on the crystallization of poly(lactic acid)[J]. J Appl Polym Sci,
2015, 42028: 1~8.